# Saying Goodbye《セイングッバイ》

もくじ

だから今日も、私は白衣を羽織って、診察室に入る。

# カサブランカ

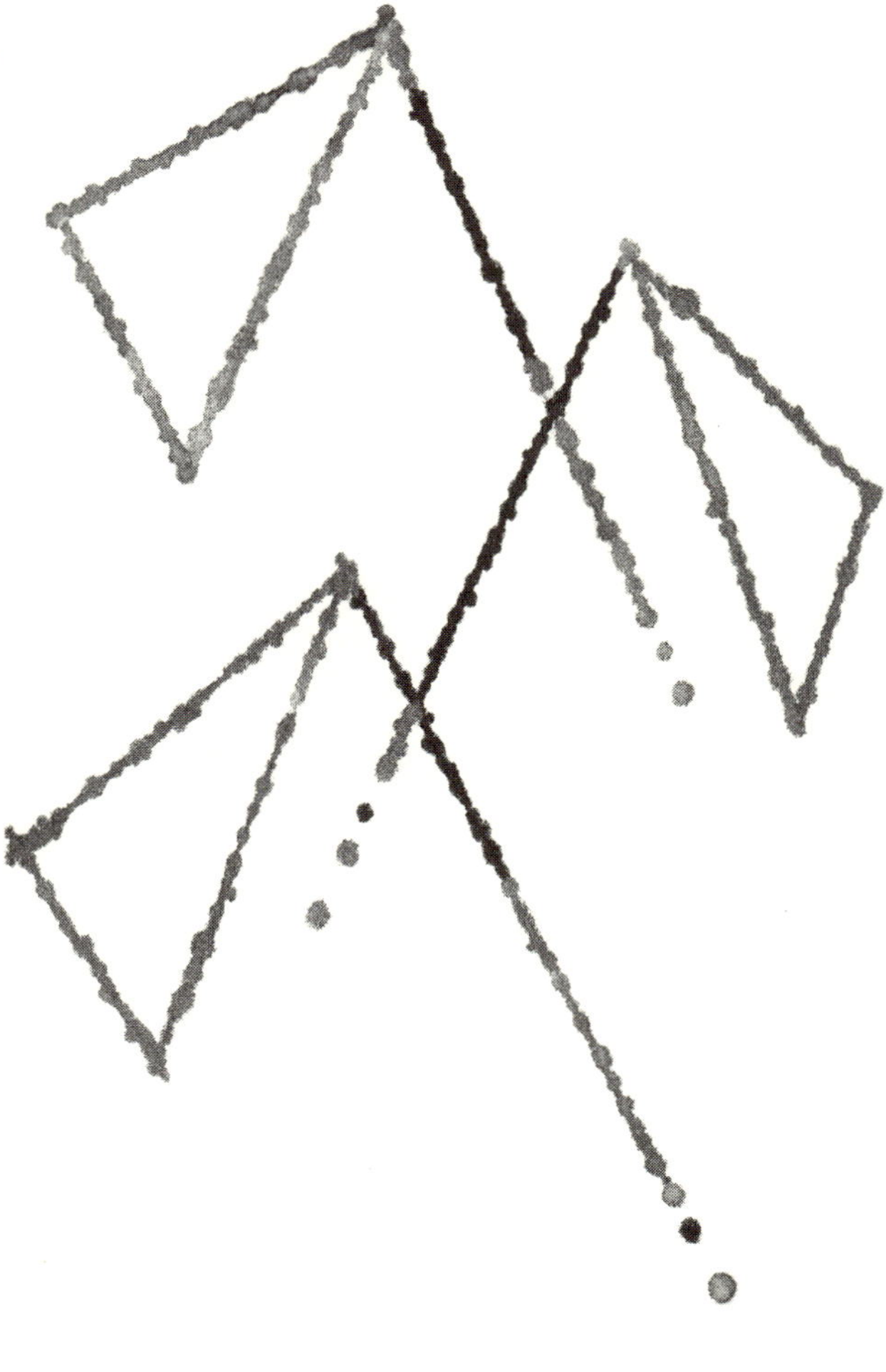

バレンタインデーに、大きく美しい白いゆりの花、カサブランカが病院に届いた。

その日も忙しい1日で、ようやく午後の外来が終わり、ふっと一息つこうと思ってデスクに戻ったら、私の机の上に花瓶が置いてあった。カードには、「いつもありがとう。バレンタインデーに、心をこめて。マイケル、ガブリエルより」とあった。贈り主は、2匹の猫だった。

アメリカでは、バレンタインデーに花を贈る習慣がある。女性、男性にかぎらず、いつも思っている人、ありがとうという感謝の気持ちを伝えたい人に、花やプレゼントを贈る。それは恋人であったり、姉妹であったり、友であることもある。

2匹の猫の飼い主、佐々木さんは、単身アメリカに渡り、数々の苦労を乗り越えた後、現在はコンピュータ関係の仕事をバリバリとこなす、キャリアウーマンである。マイケルとガブリエルは、消化管の慢性疾患で、頻繁に来院していたが、今は症状も落ち着いている。元気になった2匹の姿を想像しながら、目を閉じて、ゆっくりと白ゆりの芳香をかいでみた。その瞬間、思いがけず、私の脳裏に、真っ白な犬、「リリー」が突然現れた。

それは、もう17年も前に、北海道で出会った犬だった。


当時私は、駆け出しの獣医師で、代診という肩書きをもらいながら勤務していたが、実際には何も知らない田舎の新卒獣医師であった。

ある日、リリーという、真っ白なマルチーズが来院した。まだ6歳という若さだったが、その時すでにぐったりとして、かなりの重症だということは、新米の私にも理解できた。検査の結果、リリーは、子宮蓄膿症《しきゅうちくのうしょう》および、悪性の乳《にゅう》腺腫瘍《せんしゅよう》という、大変な病気をふたつ同時に患っていることが判明した。院長はただちに子宮、卵巣を取り出し、さらに乳腺にできた腫瘍を4つ、同時に摘出する大手術を行い、リリーは一命を取り留めたのだった。

手術後、リリーは長期入院を強いられた。乳腺にできた癌はすでに肺と肝臓に転移しており、手術後の状態はどんどん悪化していった。

自分で食べることもできず、低体温が続いており、ずっと保温器の中で点滴を受けていた。私は院長から、リリーの担当をまかされて、毎日ほぼ徹夜で看病にあたっていた。

リリーの飼い主は、毎日のように来院し、リリーを見舞った。お金持ち風のご夫婦と、ひとり娘の百合さんの3人がそろって、必ず毎日、リリーを見舞いに来ていた。百合さんは、近くの私立女子高のセーラー服を着ており、そこはいわゆる、お嬢様学校で有名なところだった。

百合さんは、雪のように肌の色が白い、美しい娘さんだった。ご両親が、いかに大切に育てているか、3人の上品な会話の中からそれを実感できた。

「ママ、リリーちゃんは、本当によくなるのかしら?」百合さんが母親に聞く。

「当たり前よ、百合さん。リリーちゃんはこんなにがんばっているのだから」

と母親。

「お前が一番大切にしているリリーちゃんだから、きっと大丈夫だよ」と父親。

3人は、リリーが回復して退院し、またいつもの生活に戻ることを心の底から信じていたのだった。


リリーの容態は日に日に悪化していった。肺に転移した腫瘍が肺を圧迫し、かねてからあった心臓弁膜症《しんぞうべんまくしょう》、心肥大と重なり、肺の機能が著しく低下していった。そして、呼吸困難に陥り、ハアハアと苦しそうに呼吸をするようになった。

子宮蓄膿症の手術はとりあえず成功したが、弱りきったリリーの腹部からは、いつまでも術後の出血が見られた。さらに、呼吸困難のために、全身で苦しそうに呼吸をするため、そのたびに腹部が大きく動き、手術部分が痛そうに腫《は》れ上がっていた。

当時の日本には、ペインマネージメント、すなわち、痛みを緩和する薬や方法が今ほど発達していなかった。それゆえ、リリーには、点滴の管からリンゲル液が注入され、時間ごとに抗生物質を投与するという、原始的な治療法しか行われていなかった。保温器の中に酸素を入れて、いくらか呼吸を助けるようにはしていたが、苦しい呼吸、癌《がん》に蝕《むしば》まれた肺と内臓、そして、呼吸のたびに動く腹部の術跡は、想像を絶する痛さだったに違いない。リリーはガリガリに痩《や》せ、意識も朦朧《もうろう》として、何ひとつ食べず、何も飲まず、生気なく横たわるのが精一杯だった。

リリーが便、尿をしたらすぐタオルを取り替え、手術孔から出血したらただちにガーゼを交換し、リリーの体を最後まで、白く保つのが、私の任務であると院長は言った。私はリリーに付きっきりで看病し、百合さんの家族が来院しても、真っ白なリリーと面会できるように気を配った。

ある日、リリーは真っ赤な血を吐いた。極度の痛みと、苦しい呼吸から、胃内出血も併発したらしい。白いリリーの胸部を赤く染めてしまった私は、院長にひどく叱られた。そして吐血した部分をきれいにしている時であった。リリーがいつもより、ギロリとした目で、しかし、私の目をしっかりと見て、目で訴えたのだった。

「もういいの。もう本当に疲れた。お願い、私を逝《い》かせて……」

私はリリーの目を見てはっとした。彼女の目は、明らかにそう嘆願していた。彼女の中に残っている、僅《わず》かな生命力、その全部の力を振り絞って、彼女は目で、私にそう訴えていた。彼女の口から、真っ赤な血が、胃液と混ざり合って出てきた。ハアハアと苦しい息は、腹部の手術孔を振動させ、そこからも、どす黒い血がにじみ出ていた。尿は垂れ流し、そして力なく半分開いた肛門からは、真っ黒なタール状の便が流れていた。

リリーは美しい白い犬のはずだった。ふさふさとした毛をなびかせ、くりくりとした黒い瞳を輝かせて、家の中を元気に走り回っていたに違いない。真っ白い肌の百合さんの腕に抱かれて、毎日やさしく、ブラッシングされていたに違いない。

しかしそんな美しいマルチーズの姿はどこにもなかった。リリーは私に、全身全霊を込めて、訴えたのだった。この苦しみから解放してほしい、と。惨めな姿で、血と汚物にまみれて死んでいく自分を恥じていたのかもしれない……。私の目から涙がこぼれた。同時に、リリーの目から、赤い涙がつーっと流れ落ちた。

当時の日本は、今のように、不妊去勢手術という予防医学も普及しておらず、リリーのように、不妊手術さえしていれば予防できた子宮蓄膿症、乳腺腫瘍で命を落とす犬猫が、多数存在していたのだ。

私は、リリーの気持ちが痛いほどわかった。でも、私にはどうすることもできなかった。ただ、汚物と血をふき取ることしかできなかった。

その直後、百合さんの家族が来院した。私は半分泣きながら、「リリーちゃんの容態が思わしくありません」と告げた。百合さんの母親は、リリーが汚物で汚れているのを見て、私にきびしい言葉を浴びせてきた。そして1時間後、リリーは皆が見守る中、目をカッと見開いたまま、背中を弓なりにし、あえぐように大きく口を開いて、ギャーと大きな叫び声を上げたかと思うと、足を伸ばしたままの硬直状態で、その場で息絶えた。

リリーの葬式のことは、地元の新聞で知った。本格的にお坊さんを家に呼び、関係者を招いて、盛大に、しめやかに行われたと後から聞いた。その後、リリーは戒名までもらい、立派なお墓をペット霊園に建ててもらったことも知った。お葬式には参列しなかったが、私も生前のリリーにかかわったひとりとして、少しばかり香典を送った。香典返しには、「こんなに盛大なお葬式を挙げることができて、リリーは幸せな犬でした」と書いてあった。

私はなんだかむなしい気持ちでいっぱいになった。

何か違う、と思った。ペットの手術や入院費、葬式に大金を遣うことが、幸せの証なのだろうか。

子宮蓄膿症も、乳腺腫瘍も、子犬の時に不妊手術をしていれば、起こらなかったこと。それをしないで、大病をして大金を遣って、それが本当の愛情だろうか、と。

明らかに死に向かっている動物を、地獄の苦しみを味わっている動物を、外見だけきれいに保つことが、看病なのだろうか。あのリリーの苦しみを、もっと早く解放させてあげることはできなかったのだろうか。

それまで私は、動物の安楽死については、一度も考えたことがなかったが、その時初めて、もし、リリーを安楽死させることができたなら、と思った。だが、院長も、百合さんの家族も、誰ひとりとして、安楽死を口にする人はいなかった。

リリーが死んでから数日間、私はやるせない気持ち、敗北感から、心にすっぽりと穴が空いたような気持ちで過ごしていた。夜、ぼんやりと買い物に行った帰りに、花屋の前を歩いていると、ふと、白いゆりの花が目にとまった。百合さんは、この白いゆりのような、美しい真っ白な肌をした娘さんだった。そして、リリーも、こんなふうに美しい白い犬だった、と思った。

私は何気なく、白いゆりを3本買い、アパートに持ち帰って花瓶に生けた。そしてその芳香が部屋に充満した時ふと、気がついた。リリーは英語で「Lily」、「ゆり」という意味だったということを。

カサブランカの美しい香りの中で、私は、あの時のリリーの、「逝かせて」と嘆願した目を忘れることができず、そしてそれに対して、何もしてあげることができなかった自分が情けなく、悔しく、急に涙が込み上げてきた。「リリーちゃん、苦しませてしまって、ごめんね」と心の底から謝った。美しい香りに包まれながら、私はいつまでもいつまでも、ひとり声を震わせて泣いていた。

それは、新米獣医師ならば、誰もが直面する、動物の死、敗北感、そして、飼い主さんとの「意識の差」であった。

あれから17年。あの時の北海道の出来事が、カサブランカの香りとともに、一瞬、蘇《よみがえ》ってきたのだった。今では、様々な痛み止めが発達し、安楽に逝くことができる安楽死というオプションも選択できる。17年の獣医学の進歩をうれしく思った。

白く細かったお嬢様の百合さんも、今では30歳代半ばである。どこで、どんな生活をしているのだろうか。案外、たくましいお母さんになっているかもしれない、と思った。

カサブランカの柔らかい香りに包まれながら、駆け出しの獣医師だった当時の自分を思い出して、ひとりでちょっと照れた。そして、私はそっと白衣を脱いで、カサブランカの花瓶の横に置いた。

カサブランカ

# 庭師の日本語

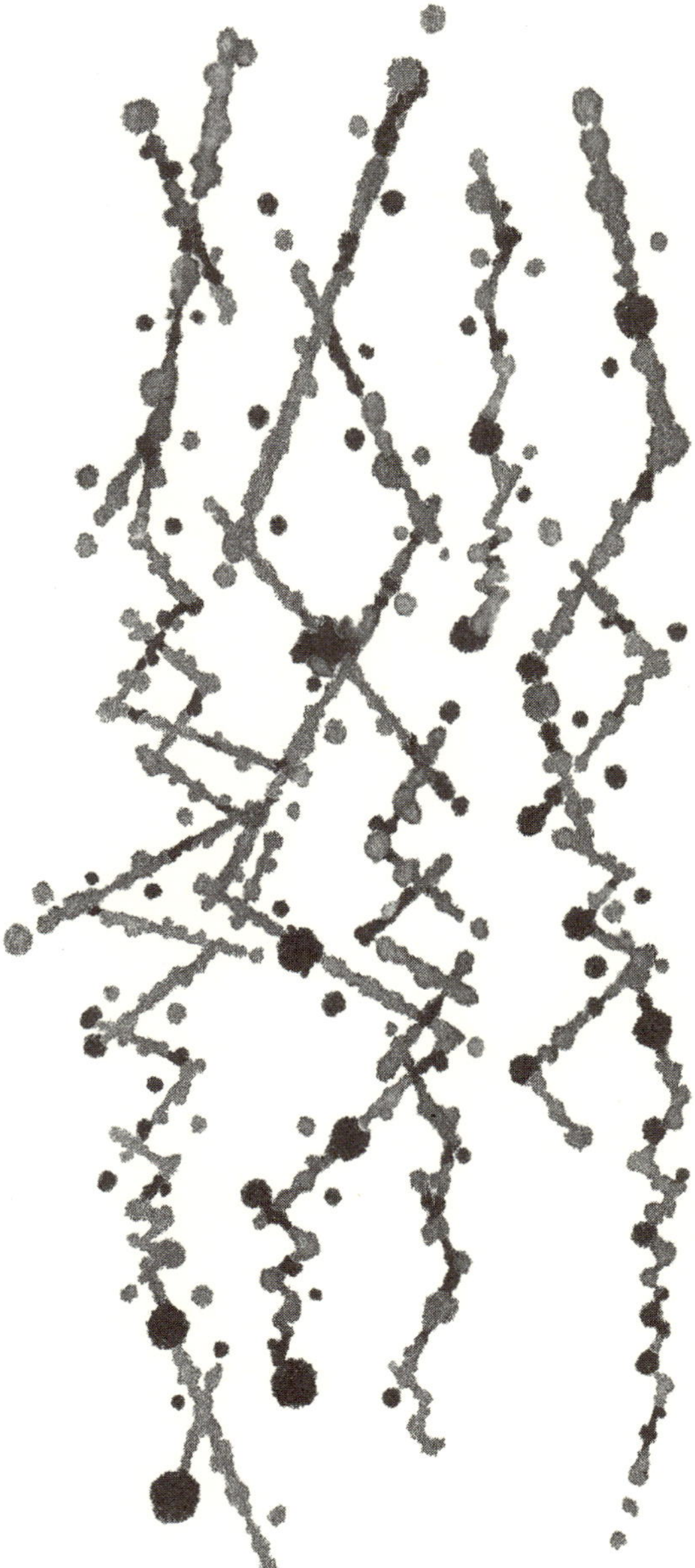

私の病院は、ロサンゼルスの南、ガーディナ市という町にある。第二次世界大戦の前に、日本から移住してきた日系一世や、その後アメリカで生まれた日系二世、三世、そして四世が、今でも数多く住んでいる町である。そのため、ガーディナ市近郊には、昔ながらの日本食レストランや、豆腐屋、日系スーパーマーケットなどが多く存在している。

ガーディナ市がある南ロサンゼルスの、サウスベイ地区と呼ばれる地域には、今でこそ「トヨタ」や「ホンダ」、「日立」といった、日本の大企業が立派なビルを構えており、日本ビジネスの力強さを誇っている。しかし戦前のガーディナ地区は、畑が多く散在する静かな片田舎に過ぎなかったそうだ。

日本では貧しい農民としてしか生きていけなかった人たちが、はるか夢を抱いてやってきた南カリフォルニアであったが、アメリカに移住したからといって、すぐに安定した生活ができたわけではなかった。当時のアメリカ社会は、今のように外国人に対して寛容ではなかったし、英語という言葉の障害も、文化風習の違いも大きかった。そんな中で、日本人はまじめに一生懸命働き、アメリカ社会の中で少しずつ、信頼を得られるようになっていった。

手に職を持たずにアメリカにやってきた男たちは、最低限のコミュニケーションで用事を済ませることができる肉体労働を行い、女たちは、白人家庭の中で、お手伝いとして掃除や家事をまめにこなした。

日本人はもともと、物を大切にし、手先が器用である。それゆえ、白人アメリカ人が、枯れてしまった花瓶の花を捨てると、その枯れ花を家に持ち帰り、種を取って栽培した。翌年には美しい草花が咲き誇った。一世たちの多くは、それをまた白人家庭に売るという、園芸屋になった。そんな日系人の園芸屋(Gardener)が多く住むことから、この町はガーディナ市と呼ばれるようになったという由来がある。

今でこそ、荷台に電動草刈り機をのせて、ロサンゼルスの街中を走るガーディナーたちの軽トラックは、ラテン系の人たちばかりであるが、つい15年くらい前までは、ロサンゼルスの庭師といえば、皆日本人、日系人であった。手先が器用で繊細で、雨の日も炎天下の日もよく働く日系一世は、戦後のロサンゼルスの発展に、庭師として貢献してきたのであった。

ホワード・イカリヤさんが、シーズー犬の「キモ」を連れてきた時、70歳代の前半くらいの年齢かと思われた。この年代の日系一世のほとんどがそうであるように、ホワードさんも長年庭師として働いてきたのが、一目りょう然であった。顔も腕も、南カリフォルニアの日に焼けて独特の褐色《かっしょく》をしていた。実際に、彼が87歳と聞き、とても驚いた。足腰もきちんとして、耳も目もしっかりとしている。日本で生まれて、10歳の時にアメリカに移住した彼は、日本語はもう忘れてしまったらしく、ほとんど英語を話していた。が、日系一世の特徴で、会話に時々、思い出したように日本語が交ざっていた。

キモは、14歳のオスのシーズー犬であった。キモをひと目見て、あまりの汚さに、思わず息をのんでしまった。キモはひどく衰弱していた。伸び放題の毛と、毛玉。目からの分泌物が顔中を覆い、全身からひどい悪臭が漂っていた。もう何年も、シャンプーもカットもしてもらったことがないようであった。しかしその衰弱ぶりから、大変な病気を患っているのは、一目りょう然であった。

キモは、ホワードさんの奥さんが、かわいがっていた犬だった。その奥さんは数年前に脳梗塞《のうこうそく》を起こして倒れ、その後アルツハイマーが進み、最近他界されたそうだ。ホワードさんはほとんど寝たきりの妻の世話を、献身的に行ったが、高齢男性が行う家事と病人の世話には、限界があった。ホワードさんの息子夫婦は、州外に住んでいて手伝うことができず、結果的に、キモはその数年間、きちんとケアをされることもなく、庭で放し飼いにされていたという。

キモの粘膜は蒼白《そうはく》で、極度の貧血状態にあった。毛玉がひどく、体は骨と皮だけで、ガリガリに痩《や》せていた。ひどい歯石と歯肉炎で、まともに口を開けることもできなかった。目は角膜潰瘍《かくまくかいよう》からの感染が両眼に広がり、まぶたを押すと黄色の膿《うみ》が滲《にじ》み出てきた。

ホワードさんは、目に涙をうかべて言った。

「こうなったのも、私の責任なんです。でも、私は寝たきりの妻の世話だけで精一杯で、キモの世話まで、できなかったんです。でもキモは、先週まで、ちゃんと食べて、ちゃんと歩いていたんですよ。先生、何とかキモを助けてあげてください」

87歳の老人に頭を下げられたのは、私には生まれて初めての経験であった。

キモは急遽《きゅうきょ》、ＩＣＵ（集中治療室）に入院して、数々の検査と救急治療を行った。その結果、キモは体内に停滞していた睾丸《こうがん》が腫瘍化《しゅようか》して、それが極度の貧血を起こしていた。セルトリ細胞腫《さいぼうしゅ》という、大変な病気の末期であることが判明した。

停留睾丸《ていりゅうこうがん》、あるいは陰睾《いんこう》とは、遺伝病の一種である。本来、睾丸は、胎児の時に体内で作られ、出生後に体内から陰嚢《いんのう》に下りてくる。しかし、睾丸が体外に下りてこないで、ずっと腹腔内《ふくこうない》に停滞してしまうオス犬がいる。元来、睾丸は体温よりも少し低い温度に保たれる場所にいなくてはならない。精子の正常な産生も、ホルモンの正常な分泌も、すべて、この涼しい場所で正常に行われる。それが、体温の高い体内に睾丸が停滞すると、腫瘍化しやすいのである。通常の睾丸と比べて、停留睾丸は、13倍の確率で、腫瘍化するのである。

腫瘍化した睾丸は、不必要なホルモンを多量産生して、体全体に害をもたらす。セルトリ細胞腫の場合は、ひどい貧血が発生する。血液をつくることができなくなり、そのまま死亡するケースも多い。治療は唯一、手術によって、腫瘍化した睾丸を取り出すことである。

キモの場合、極度の貧血がみられ、また両眼の感染がひどく、感染は全身に広がっていた。両眼とも、視力が残っているとは思えなかった。両眼摘出の手術、それと、開腹をして、腫瘍化した睾丸を取り出すという、とてつもない大手術を行わなくては、キモが助かる見込みはなかった。しかしキモの重度の貧血を思うと、この手術は非常にリスクが高く、危険であった。

私はホワードさんに、キモの状態を、ゆっくりと説明した。なるべく感情的にならずに、事実をそのまま伝えることに、全神経を集中した。ホワードさんにとっては、亡き妻の形見となる犬である。私は彼に、その形見の犬が、非常に危険な状態で、手術をしても、助かる見込みは低いという事実を、しっかりと伝える任務があった。そして私は、苦しんでいるキモを、安楽死させてあげる、というオプションもある、ということを伝えた。

ホワードさんは、じっと私の説明を聞いていたが、いきなり私の手を、両手で包み込むようにつかんで言った。

「先生、手術をお願いします。助からなくてもいいんです。でも、助かる見込みが少しでもあるのならば、手術をしてください」

彼の手は、がっしりと大きく、ごつごつして温かかった。彼のつらさが、その手を通して私の心に伝わってきた。

私はキモの手術に踏み切った。キモの腹腔内では、巨大に腫瘍化した右の睾丸が、腸や腎臓、膀胱《ぼうこう》を圧迫していた。キモの体は、この巨大な腫瘍に蝕《むしば》まれて、衰弱して、疲れきっていた。たったひとつの睾丸が、こんな悪魔に変身してしまう事実に、背筋がぞっとした。

キモは、両眼摘出、そして睾丸摘出の手術を何とか耐えて、数日間輸血を続けて、生死の間をさまよいながら、がんばった。しかし、手術後の回復は思わしくなく、造血を促す薬にも反応してくれず、輸血、点滴を繰り返しても、貧血はなかなか改善されなかった。声をかけると、ゆっくりと反応してくれるようにはなったが、食欲も思わしくなく、ひと口ふた口食べると、もう疲れて寝込んでしまう状態が続いた。

手術後数日間、キモは入院して治療と手当てを続けていたが、ホワードさんも経済的に、これ以上長期入院するのは難しい、ということで、思い切って自宅療法に切り替えた。ホワードさんは、キモを大きな手で抱きかかえて、寄り添うように病院を出ていった。私はその時、ホワードさんの奥さんは、晩年は夫に大切に看病してもらい、幸せな人だったに違いないと、ふと思った。

それから私は、毎日のように、ホワードさんに電話をして、キモの様子を聞いた。キモは、目が見えなくても、自宅に戻ってきたのがわかるらしく、徐々に食欲がでてきた。しかし、やはり自宅での看病では、脱水症状も、貧血も、少しずつ進み、キモは日に日に、弱っていった。ホワードさんが、付きっきりで懸命に看病をしているのが、電話での会話から、よく伝わってきた。

退院して2週間後、いつものようにホワードさんに電話をすると、彼はいつもの落ち着いた声で私に言った。

「先生、昨夜遅く、キモは妻のところに行きました。キモは今頃、天国で、妻の膝《ひざ》の上で、妻に優しくなでてもらってると思います。これでよかったんですよ。先生、本当にありがとうございました」

キモが弱って死んでしまうのを、心のどこかで予想していたものの、やはりホワードさんの口からキモの死を聞くのは、ショックだった。私は何と言ってよいのか、言葉に詰まってしまった。

　ホワードさんは続けた。

「先生、みんな逝《い》ってしまって、寂しくなりましたが、悲しんでばかりもいられません。じゃ、これから仕事に行きますから」

　私は自分の耳を疑った。

「仕事？　これから？　いったい何をするんですか？」

「芝刈りです。キモのために使ったクレジットカードの支払いがありますから。息子にまで、借金を残して死にたくないですからね。いや、まだ体が動いてくれるんで、ありがたいです」

　ホワードさんはキモの手術や入院のために、３０００ドル近くを支払わなくてはならなかった。そして彼は、はっきりとした日本語で言った。

「芝を刈ることは、私がひとさまのためにできる、唯一のことですたい」

電話を切って、私は窓の外を見た。ロサンゼルスの真夏の午後の日差しがじりじりと照っていた。その日は特に暑く、気温は35度を軽く超えていたに違いない。その炎天下に、草埃《くさぼこり》にまみれながら、電動草刈り機を押し、玉のような汗を流す87歳の日系一世の姿を想像した。他人の庭の芝刈りをして、報酬はせいぜい20ドル。妻を看取《みと》った老人が、もうこの世にはいない犬のために、汗を流して芝を刈る。私は、クーラーの利くドクターオフィスの中で、声を震わせて泣いた。

キモの悲劇は、去勢手術という、たったひとつの手術を怠ったために、起こったと言える。セルトリ細胞腫は、予防できる病気なのだ。特に停留睾丸の場合、このような睾丸腫瘍が非常に高い確率で発生するので、若いうちに開腹手術をして、睾丸を取り出す去勢手術をするのが、アメリカでは当然のこととなっている。ごく簡単で、安全な手術である。なぜキモが、去勢手術をしなかったのか、理由は不明であるが、少なくとも、睾丸腫瘍で命を落とすことはなかったのだ。

病気は悲しい。そして重い病気による死は、もっと悲しい。動物の死は、愛する家族を苦しめる。しかし、さらにもっと悲しいことは、その病気が予防できた時である。病気の予防は、飼い主の責任であり、そして獣医師の責任でもあるのだ。キモのように、予防できる病気で動物が命を落とすことがないよう、私は、これからも毎日、診察室で、不妊去勢手術について話し続けなくてはならない。ひょっとしたら、それが、私がひとさまのためにできる、唯一のことなのかもしれない。私も自らの意志で日本を離れて、アメリカに夢を抱いてやってきた移民のひとりである。自分にできる仕事を、謙虚に、でも一生懸命続けていきたい。そんな生き様を、私は日系一世から学んだように思った。

# 男らしい犬の最期

斉藤さんが飼っている「ロン」は、日本で生まれ育った、とても大きな秋田犬である。何とも血統のよい、チャンピオン犬の血をひく純血種で、特別なルートを通して、高額で購入したそうである。ロンは斉藤さんにとって、自慢の、そして最愛の犬であった。

ロンが5歳の時、斉藤さんはロサンゼルスにやってきた。そしてアメリカ生活が落ち着いた1年後、日本の実家で預かってもらっていたロンを、ロサンゼルス郊外の斉藤さんの新居に呼び寄せたのだった。

外国で生活することは、楽しいことも多いが、大変なことも多い。言葉や文化、食事、気候の違いなど、小さなストレスがたくさん伴う。それは犬にとっても同じであろう。

ロサンゼルスの生活が始まってから、ロンは小さなケガをしたり、病気になったりして、頻繁に近所の動物病院の世話になっていたそうだ。近所のドッグパークに連れていったら、いきなり他の犬とケンカになり、かみついたり、かみつかれたり、という流血事件が2回。それから、耳が慢性的な感染症になり、アレルギーで、湿疹《しっしん》が頻発するようにもなった。肛門嚢《こうもんのう》の感染、目の感染も頻繁に繰り返した。そして、1年くらい前からは、足腰の関節が弱まり、歩くスピードも遅くなったそうだ。

そんなロンが、食欲と元気がなくなり、急に弱々しくなったということで、私のところへ診察に訪れた。

8歳になったロンを、その時私は初めて診た。秋田犬の貫禄《かんろく》をまだどこかに備えながらも、ロンは憔悴《しょうすい》して疲れきったという目をしていた。ロンの毛並みには艶《つや》がなく、後ろ足の筋肉は萎《な》え、爪は伸び放題で歩くたびにカチカチと音を立てた。

アメリカではは去勢されていないオス犬は珍しい。私は斉藤さんに聞いた。

「前の獣医さんに去勢を勧められませんでしたか?」と。

「日本では、誰も勧めませんでしたね。皆、こいつが優秀な血統書付きだということを、知ってましたから。アメリカに来てからは、確かに去勢の話は持ちかけられましたが、必要なかったですから」と斉藤さん。

犬は一匹だけ飼っており、外に行く時は、必ずリードを付けているから、絶対に他の犬を妊娠させることなどない、と彼は言い切った。

去勢手術の目的は、バースコントロール（繁殖制限）だけではない。多くの病気を予防するという医学的目的が高い。前立腺疾患《ぜんりつせんしっかん》、肛門腺腫《こうもんせんしゅ》などの予防メリットは計り知れない。また性格が穏やかでやさしくなり、特にテリトリー意識が低下するので、無駄吠え、マーキングによる排尿を予防し、攻撃的な性格が改善される。ドッグパークでの流血事件も、慢性の皮膚病も、去勢さえしていれば、緩和できたかもしれない。

斉藤さんはロンの耳へ投薬することも満足にできない。薬を飲ませることもできない。爪を切ることもできない。ロンが嫌がって、斉藤さんにかみつくからだと言う。もちろん、耳を掃除する、ブラッシングをすることもできないという。

まして、他人が近づこうものなら、ものすごい勢いで威嚇し、吠え、飛びかかる。そんなロンを見て、斉藤さんの近所の人は恐怖を感じ、行政に通報したらしい。

アメリカは、獰猛動物《どうもうどうぶつ》に対する規制、取り締まりが厳しい。一度他人にかみつくと、その犬は獰猛犬と見なされ、きびしく勧告される。二度かみつくと、強制的にトレーニングと去勢することを、行政より命令される。三度かみつくと、飼い主から引き離されて、安楽死処分となる。

ロンは、人にかみついたことはなかったが、近所からの苦情が多いので、一度調査が入ったそうだ。その後、裁判所から通知が来て、「ロンを去勢手術するか、あるいは、きちんとトレーニングを受けさせなさい」と勧告されたという。

斉藤さんはトレーナーを次から次に、3人雇ったが、その3人とも口をそろえて言った。「去勢をしなくては、トレーニングに応じられない。こんな気性の荒い犬は、安楽死するのがベストだ」と。

「皆、こいつの血統をわかっとらん、馬鹿どもでした」と斉藤さん。

「気性が荒いのが、こいつの最大の魅力です。他人に尾を振る秋田犬なんて、最低です」

斉藤さんは、トレーナーの言葉に、まったく耳を貸さなかった。

だがロンには、斉藤さんが誇っている「男らしい姿」は、もうなかった。伸び放題の爪、悪臭のある惨めな毛並み。抜け毛と毛玉が土埃《つちぼこり》と一緒になって、腹部にぶら下がっている。乾いたウンチは、もう何週間、ロンの尻尾《しっぽ》にこびりついているのか。

私はロンに、やさしく声をかけながら、ゆっくりと近づいた。その途端、ロンは私に歯をむいて、威嚇した。鎮静薬を使わなければ、近寄ることもできない。病気で弱った犬に鎮静薬を使うのは危険である。でもその危険を冒さなければ、ロンが何の病気なのか、診断することさえできない。

威嚇してむき出す歯とは対照的に、ロンの目は悲しみに満ちていた。誇り高い秋田犬にとって、自分の姿は惨めだったに違いない。

精密検査の結果、ロンは前立腺肥大《ぜんりつせんひだい》に伴う、前立腺感染症《ぜんりつせんかんせんしょう》であることが判明した。これは、非常に痛みを伴う、大変な病気である。精巣《せいそう》からの男性ホルモンが前立腺を肥大させ、それが尿道を圧迫し、感染症を起こす。初期の段階では、残尿感や圧迫感があるが、犬はそれを言葉で伝えることはできない。病状が進行し、いよいよ具合が悪くなり、来院し、検査して、初めてこの病気が判明する場合が多い。

ロンは早急に手術をしなくてはならなかった。前立腺に巣くっている膿瘍《のうよう》を切除し、排膿《はいのう》し、長期的な入院と抗生物質の投与が必要であった。同時に去勢手術をして、男性ホルモンによる前立腺肥大を解消する必要があった。

だが、手術を含む、長期的な入院をするには、ロンはあまりにも不適正であった。誰も1メートル以内に近寄れない。ものすごい勢いで威嚇して、診察することもできない。点滴の管をチェックすることもできない。ケージの中で排便、排尿してしまっても、誰も、きれいにすることさえできない。

私は斉藤さんと、病気、手術、治療方法、ケア方法について、詳しく相談した。

いくら弱っているとはいえ、院内スタッフの誰もロンに近づくこと、触ることができないので、入院は事実上、不可能であった。

自宅ケアの方法も相談した。だが、斉藤さんがロンに薬を与えることはできそうになかった。過去には、食べ物に薬を隠して与えていたが、食欲のないロンに投薬するのは無理だった。排尿、排便の世話も、大型犬のロンを抱き上げることもできない。

私と斉藤さんは、手術、入院は不可能であると結論を出した。自宅で、斉藤さんがケアをすることも、事実上不可能であると判明した。

斉藤さんは、このままロンを、自宅で見守りながら、平穏に死期を迎えたいと言った。

私は、前立腺肥大症の最後は、排尿困難になり、苦痛にもだえ苦しみながら死ぬことになるので、それはお勧めできないと言った。そして、安楽死を考えてほしいと言った。

今すぐに結論を出す必要はない。でも、苦しみながら、時間をかけて憔悴して死んでいくのは、ロンにとっても、そしてプライドの高い秋田犬にとっても、きっと屈辱的だと思うと伝えた。だから、なるべく早いうちに、安楽死を決断するのがベストであると信じている、と言った。

斉藤さんは、目に涙をためながら、私に言った。「こいつ、まだ9歳なのに、なんて不幸なんでしょうね」と。

そして数日後、斉藤さんとロンの別れの日がやってきた。

ロンの病状は、もう自力で立つこともできないくらい進行していた。

本当は、あらかじめ用意した鎮静の薬を、自宅でロンに、食餌《しょくじ》と一緒に与えるように指示していた。だが、ロンはもう、まったく食べ物を受け付けず、薬入りの肉を食べてはくれなかった。

ナースのひとりが、斉藤さんの自宅に赴き、鎮静の注射を打つことになった。ぐったりと力なく横たわるロンの頭部を斉藤さんに押さえてもらい、ナースが、ロンの尻部に注射をした。もう生気もなく、力なく横たわるロンであったが、ナースが注射をする時、ウーッとうなり、最後の力を振り絞って、斉藤さんの手を少しだけかんだ。

1時間後、病院に運ばれてきたロンは、意識朦朧《もうろう》の状態で横たわっていた。診察室内に、斉藤さんがあぐらをかいて座り、その中にロンは頭をすっぽりと埋めた。

私が近づいて、触っても、ロンはもう、抵抗することもなく、静かに呼吸をしていた。後ろ足の血管に私は、ゆっくりと、安楽死用の注射薬を注入した。ロンは何も感じていないのか、そのまま動くことなく、ひとつ深呼吸をして、最後の息を吐いて、深い永遠の眠りについた。

ロンのお尻の部分には、腐敗した尿と便が混ざり合って皮毛に付着し、無数のウジがうごめいていた。斉藤さんがあれだけ自慢していた、ロンのふたつの大きな精巣、陰嚢《いんのう》部分にも、無数のウジがたかっていた。

誇り高い秋田犬の、あまりにも若い、まだ9歳の、病魔に疲れ果てた最期であった。

トリシア

心の中のシャッターが、カシャッと小さな音を立てた。

その瞬間は毎日のようにあるわけではない。むしろ稀《まれ》である。心が、ぶるっと震え、その光景だけが、まるで写真のように、私の心のフィルムに、写される瞬間がある。

毎日診察室で、動物たちと出会い、人と出会い、一緒に笑い、涙し、話を聞く。でもその特別な「瞬間」は滅多《めった》にこない。私の心の中のアルバムに、ずっと保存されて、一生色褪《あ》せることのない、「心に迫る」一瞬だ。

その時、三浦さんは、診察台の上に力なく横たわった三毛猫の「トリシア」の顔を、両手でやさしく包み込み、目を閉じながら額にそっとキスをしていた。トリシアは、もう見えなくなった目、聞こえなくなった耳、そして痛々しく顔面を覆った癌《がん》の中で、ちょっとだけ顔をあげて、三浦さんのキスに応えた。三浦さんと、トリシアが、19年という長い歳月を共に過ごした、最後のお別れのキスだった。

一瞬、そこに閃光《せんこう》が走った。

私はその光景を、一生忘れることはないと、その時思った。

三浦さんは、70歳くらいの、細くて小さな女性だった。美しい日本語を話していたので、日本から永住された方だと思っていた。ところが何度か、診察室でお会いするうちに、三浦さんはなまりのない、ネイティブな英語を話す方だとわかり、同時に、日本語は話せても、読むことができない、という事実を知った。

三浦さんは、「帰米一世《きべいいっせい》」と呼ばれる、日系人であった。

初めてロサンゼルスにやってきた15年前、常識知らずの私は、「帰米」という言葉が存在することさえ、知らなかった。思えば、20世紀のアメリカと日本の現代史にたいした関心などなく、その歴史のおかげで、在米日系人が努力をして築いてきた日本人に対する厚い信頼感が、ここロサンゼルスに確立されていることなど何も知らず、その恩恵にあずかりながら、私のアメリカ生活はスタートしたのだった。

だが、三浦さんの世代の日本人、日系人は、今の明るいロサンゼルスの陽光からは想像もできないような、苦労をされた方が大勢いるということを、恥ずかしながら、後から知った。

大変静かで、口数の少ない三浦さんは、自分の身の上話など、自ら進んでするような方ではなかった。

しかし、トリシアの癌が進行するにつれ、痛み止めの薬や、注射や点滴のために、何度も診察室で会うようになり、そして三浦さんは私に、遠慮しながらも、時々、自分のことを話してくれるようになった。

三浦さんの両親は、日本で生まれ育った生粋の日本人だった。当時、経済的な理由から日本の政府はハワイやアメリカ西海岸への移住を奨励していた。そうしてアメリカに移住した両親から、三浦さんはカリフォルニアで生まれた。当時の移住日本人の多くは、未知の国で、何もないところからスタートし、文字通り苦労に苦労を重ねて、アメリカ生活の基盤を作っていった。もともと、仕事熱心でがんばりやの日本人である。その頃になると、小さいながら、オレンジなどの農場を所有する農場主となる日本人が、少しずつ出てくるようになっていた。

ところが、世界的に社会情勢が悪くなり、日本とアメリカの関係が悪化すると、日系人地主の農場が、いきなりアメリカ政府に取り上げられたり、強制的に家宅調査が入ったりという物騒なことが続いた。そして第二次世界大戦勃発《ぼっぱつ》となり、多くのアメリカ在住の日本人、日系人は、収容所に強制的に送られることになるのだった。

三浦さんは、アメリカで生まれた、れっきとしたアメリカ市民である。それなのに、両親が日本人だから、日本語を話すからということだけで、いつ、アメリカから追放されるか、キャンプに収容されるか、明日の保障が何もない、そんな不安定な社会情勢になった。

当時の多くの日系人が選択したのは、「我が子を安全な日本に一時帰す」という方法だった。自分には、小さいながら、守らなくてはならない農場がある。農場を手伝ってくれる、雇用労働者もいる。その人たちを見捨て、家族皆で日本に帰ることはできない。それゆえ、子どもだけでも、安全な日本へ、というのが、当時の一世たちが選んだ方法だった。

三浦さんは、当時9歳。父親の親戚がいる和歌山県へ、兄と一緒に、船に乗って渡った。

しかし、当時の日本は、極端に貧しく、何もない時代だった。当然、学校などあってないような時代で、小学生ならば当然受けなくてはならない義務教育も受けることができなかった。学校ではひたすら芋作りをし、親戚の家にも、

「この食糧難に子どもをふたりも押し付けられて」と、温かく迎え入れられることはなかった。そして混乱の中、日本で迎えた終戦。

三浦さんが、その当時のことを、多く語ることはなかった。おそらく、思い出したくもないことなのだと思う。小さな子どもが親から遠く離れ、同居する親戚に嫌がられ、食べ盛りの時に経験する食糧難。私には想像もできないような、つらい、苦しい経験であったに違いない。

終戦後、再び生まれ故郷のアメリカに戻った三浦さんたちは、帰米一世となり、高校、大学という高等教育をアメリカで受け、それぞれ苦労をしながら、日系人としてロサンゼルスに根付き、社会的な信用を確立していったのだった。

そんな帰米一世が、現在、ロサンゼルスにはたくさんいる。皆、今は退職し、小さいながら家と家庭を持ち、平和にひっそりと暮らしている、そんな人たちばかりだ。

三浦さんが日本語の読み書きができないのは、そんな理由からだった。

トリシアは、小柄で、黄色と黒と白がごちゃまぜになった、かわいらしいメスの三毛猫だった。花がつおとアボガドが大好きで、裏庭では、よく小さな虫やネズミなどを捕まえては、家に持って帰るという、運動神経抜群の、おちゃめな三毛猫であったらしい。

病気ひとつしたことのないトリシアであったが、ある日、「左目から涙が出る」ということで、来院した。

元来、大病をしたことのない、健康なトリシアである。その時三浦さんは、「目薬1本」もらえば、すぐに治るものであると、軽く考えていたようだ。

しかし、トリシアの左目は、普通ではなかった。点眼鏡で診察すると、眼底に、何か得体の知れない物体が、じわりじわりと成長していた。網膜にも、腫瘍《しゅようどくとく》独特の変化が見られた。

トリシアの目に、癌が発生している可能性があると、私は三浦さんに伝えた。早急に精密検査をしなくてはならない。そして、おそらく眼科専門医と癌の専門医に紹介して、そこで治療を受けることになるだろう、と私は言った。

だが三浦さんは静かに首を振ったのだった。

「癌の専門医とか、化学療法とか、手術とか……。私にはとても恐ろしく感じます。ゆう子先生、トリシアは今年19歳です。いつも病院に来るだけで、緊張してしまい、家に帰ると、ぐったりと疲れてしまいます。何とか、ゆう子先生のできる範囲で結構です。どうか、この子との最後の時間を、平穏に、静かに過ごさせてくださいませんか」

痩《や》せて、小柄な老婦人に、もの静かにお願いされ、私はなんだか、申し訳ないような気持ちでいっぱいになった。三浦さんの願いは、もっともなことである。もし癌と確定したならば、三浦さんの希望を極力取り入れ、痛み止めを中心とした、自宅療法を行うということにした。

後日、細胞診《さいぼうしん》の結果、トリシアの癌は、かなり進行した悪性の癌であると判明した。三浦さんは、「そうですか」と、淡々と、冷静にその結果報告を聞いていた。

癌は容赦なく、トリシアの目を侵していった。左目全体が少しずつ大きくなり、左の頬《ほお》も腫《は》れ、左側の歯も歯茎も、みるみる癌細胞に侵されていった。

トリシアは、それでも、三浦さんの愛を受け、自宅ではかなり日常生活に近い毎日を送っていた。左目はもう完全に視力を失い、右目だけで物を見ようとして、体のバランスを失って転ぶことが何度かあったそうだ。やがて、固いものをかむのが難しくなり、柔らかい流動食を、右側だけで食べるようになった。それでも、痛み止めが効をなしているのか、三浦さんは、「痛がっているとは思えない」と言った。食事の後は、いつものように、三浦さんの膝《ひざ》に自らのってきて、長い時間ブラッシングしてもらうという日課。それから、ひとりパティオに出て、裏庭にやってくるリスや野鳥たちを、見えるのか見えないのか、ずっと顔を上げて眺めるという日課。三浦さんがソファーに座ってテレビを見ているど、トリシアがソファーに飛び乗り、三浦さんの横でごろごろといつまでも喉《のど》を鳴らす日課。そんな平穏な日課を、ちゃんとこなしている、と三浦さんは、うれしそうに報告してくれた。

しかし、トリシアの癌はさらに、容赦なくじわじわと、顔面全体に広がっていった。間もなくトリシアは、両眼の視力を失い、聴力を失い、そして、食べる量も少しずつ減っていき、体重も落ちていった。

内耳、中耳もやがて、癌に蝕《むしば》まれてしまい、平衡感覚を失ったトリシアは、ふらふらとしか歩けなくなってしまった。そしてソファーに飛び乗ることもできなくなった。ひとつひとつ、トリシアは自分でできることが減っていき、そのぶん、徐々に三浦さんの介護の量が増えていった。

それでも、まだ、三浦さんが撫《な》でると、トリシアはごろごろと喉を鳴らした。喉が渇いたでしょうと、水を持ってくると、自分でペロペロとおいしそうに飲んだ。庭に連れて行くと、草木の香りをくんくんと嗅《か》いだ。もう、顔面全体が腫《は》れ、歯は抜け落ち、パンパンに腫れた眼球は、完全に閉じることができなくなっても、トリシアは痛そうな様子を見せることはなく、安心して三浦さんにすべてを任せていた。

ある日、三浦さんとトリシアが、ソファーに横たわり、うたた寝をしていた。ロサンゼルスの明るい午後であった。窓から心地よいそよ風が入り、気持ちよくなって、三浦さんは、トリシアを抱きながら、寝入ってしまったのだった。毎日続く、看病疲れ、介護疲れもあったのだと思う。

ふと気がつくと、トリシアが、三浦さんの頬を、手で軽く、ぽんぽんぽん、とたたいていた。はっとして、三浦さんが目を覚まして、トリシアに言った。

「どうしたの？　どこか痛いの？　トイレ？　喉が渇いたの？」

すると、トリシアは、満足そうな、そして本当に平穏な顔をして、見えない目で三浦さんを見て、やさしい声で、一声、ワーンと鳴いたという。そして、もう乾ききって、半分しか閉じることのできない目から、一粒の大きな涙が、トリシアの目から溢《あふ》れ、腫れた頬をつたってこぼれ落ちた。

三浦さんは私に言った。

「トリシアは、私にお別れを言ったのです。どうもありがとう、もういいよ、私はもう、逝《い》くよ、と私に言いました」


三浦さんはその時、トリシアの安楽死を決意した。私も、安楽死の決意に同意した。安楽死を選択しなくても、あと数日の命だったに違いない。

いつもと違い、来院した三浦さんも、トリシアも、非常に落ち着いていた。緊張することなく、むしろ、穏やかな顔つきをしていた。私が撫《な》でると、トリシアはごろごろと喉を鳴らした。

安楽死の処置には立ち会いたくはない、という三浦さんは、診察室で、トリシアに最後の別れのキスをした。それは、癌との闘いに疲れたふたりというイメージとは程遠かった。トリシアは、むしろ微笑《ほほえ》んでいるようにも見えた。三浦さんも、悲しい別れではあったが、どこか安堵《あんど》した安らかな表情をしていた。ふたりがキスを交わした時、その一瞬、私は、そこに何かが一本、走ったのを確かに見た。一瞬であったが、まぶしく光るような何かが、そこに走った。何だろう。静電気でもない、気？　オーラ？　はたして……。

私はトリシアを抱いて、安楽死の注射をするために、ゆっくりと診察室を出た。廊下を歩きながら、やっと気がついた。私の見た閃光は、三浦さんとトリシアの「絆《きずな》」だったのだ、と。

昭和という歴史のために、つらい幼少、青年期を送り、努力して、戦後の日系社会に貢献してきたひとりの女性と、癌に蝕まれた猫との間に培われた、強い強い絆。

「私には、他の人に見えるほどの、強くて強烈な絆が、はたしてあるだろうか」と、ふと思った。子ども、夫、飼い犬、飼い猫、両親、友人……。ひとりひとり思い出していき、ふと思った。強い絆は簡単にはできない。毎日の思いやり、毎日の努力の積み重ねなんだ、と。

三浦さんとトリシアは、私に「思いやる」「大切にする」という、人生でもっとも大切なことを忘れかけている自分を、知らせてくれた。トリシアと三浦さんの間にできた、強い強い絆。それは、死というもの、永遠の別れというものを、こんなにも平穏に、穏やかに、迎える力を持っているのだ、と改めて感じたのだった。

あの閃光の一瞬は、私の心のフィルムにいつまでも残り、一生忘れることはないだろう。

ふたつの命

脾臓《ひぞう》という臓器がある。腹腔《ふくくう》のちょうど真ん中にあり、普段はあまり目立たない臓器である。年老いた赤血球を除外したり、血液を一時的に貯蔵したり、免疫のアシスタントをしたり、と比較的地味な役割を担っている。

この脾臓、何かの理由で取ってしまっても、生きていくことができる。それゆえ、心臓や腎臓、肝臓に押されがちで、いつもはひっそりと存続しているおとなしい臓器である。

ところがこの脾臓、時々大暴れをすることがある。腫瘍《しゅよう》ができた時だ。脾臓は普段からあまり目立つ機能がないので、脾臓腫瘍の早期発見は難しい。それゆえ、腫瘍はかなり大きくなってから発見されることが多い。

脾臓のほとんどは、血と血管でできているために、非常に出血しやすい臓器でもある。そんな脾臓にできた腫瘍は、ある一定の大きさに達すると、表面にヒビが入り、割れてしまうのだ。ちょうど、完熟して大きくなり過ぎたトマトの表面が、表面張力に負けて割れてしまうのと同じ原理である。割れた脾臓から、腹腔内に多量の血があふれ、数時間のうちに命取りになってしまうのが普通なのだ。

普段は地味な脾臓。でも、知らない間に腫瘍がどんどん大きくなり、あっという間に命を奪ってしまうこともある臓器。脾臓はまさしく、体の中に「秘蔵」されている臓器なのだ。

ミセス・ルビーが溺愛《できあい》していたゴールデンレトリバーの「ゴールディー」。その日は彼女にとって、災難以外の何ものでもなかった。

ミセス・ルビーは初老の、大変上品な女性であった。アメリカ人には珍しく、小柄でスラリと細く、顔にはいくつもの皺《しわ》があり、ニコニコとした笑顔がとても似合う、素敵な女性だった。彼女はいつもピンクの口紅を愛用していたが、それがまた、上品な彼女によく似合っていた。

ゴールディーは健康そのもので、過去に病気らしい病気をしたことがなかった。つい2ヵ月前、11歳の健康診断をした時も、血液検査、尿検査、レントゲン検査、心臓エコー、すべて異常はみられなかった。

その日ゴールディーは、突然、散歩の途中にうずくまり、動けなくなったそうだ。いつもの道を、ゆっくりとリードを付けて散歩をしていた時である。これは何か大変なことが起こったに違いない、とミセス・ルビーは直感し、動物病院に駆け込んだのだった。

私が診察した時、ゴールディーにはまったく血の気がなかった。粘膜は蒼白《そうはく》で、意識も朦朧《もうろう》としていた。ただちに応急手当と検査を開始。そしてすぐに、ゴールディーには大きな脾臓腫瘍ができており、それが自壊して、腹腔内に大量出血が起こっていることが判明した。脾臓腫瘍はゴールデンレトリバーに多発するたちの悪い腫瘍である。ゴールデンが持っている、一種の遺伝性の疾患であると言われている。このままだと、ゴールディーが出血多量で死亡するのは、時間の問題だった。そしてゴールディーを救う方法は唯一、出血している脾臓と腫瘍を、緊急開腹手術で取り出して、止血をすることだった。

私は院内の輸血用の血液の量を確認し、ただちにクロスマッチングテスト（血液が適合するかどうかのテスト）を行った。幸いなことに、ゴールディーの血液型と輸血用血液には、不適合がみられなかった。私は、自宅で心配しながら待機しているミセス・ルビーに電話をして、すべてを説明した。彼女は泣きながら私に言った。

「ドクターゆう子、手術をお願いします。ゴールディーを救ってください。どうかお願いします……」

彼女の声は涙でかすれていた。

多量出血している脾臓を摘出するのは、非常に危険な手術である。勢いよく出血する脾臓をどれだけ素早くつかまえて、止血をして取り出すか。そのスピードにすべてが委ねられる。手術の最中に、出血多量で死亡する可能性も十分にあった。しかし、手術を恐れている時間はなかった。一刻も早く、1分でも

1秒でも早く手術に取りかからなくてはならない危険な状況だった。

私はミセス・ルビーの電話を切ると、立ち上がって、院内のアニマルテクニシャン（動物看護師）数人に大声で叫んだ。

「脾臓緊急手術よ！　早く準備して！」

叫び終えたその瞬間、私の下腹部に何か熱いものが走った。

私はその時、妊娠13週目であった。体調は良好で、特に無理をしなければ、通常通りの仕事は続けられた。医者からも、仕事は普通にしてよい、という許可をもらっていた。しかし、その時、私の異常出血が始まったのだ。自分の出血を知り、私は青ざめた。順調だった妊娠に、何か問題が起こったのは明らかだった。手術を中断して、ただちに病院に行くべきだったろう。しかし今ここで、私が病院に行くと、ゴールディーの手術ができない。もうひとりのドクターにゴールディーの手術をお願いすることもできるが、彼女は今日は外来担当。病院のスケジュールが大幅にくるってしまう。でも、私自身が、一刻も早く手当てを受けないと、出血が続き、赤ちゃんは死んでしまうかもしれない。難しい決断を早急にくださなくてはならない立場に立たされた。

しかし、院内ではそんな私の異変に気づく人はなく、テキパキと手術準備が進められて、ゴールディーはすでに手術台に上がっていた。私はゴールディーの手術をしなくてはならない。その義務がある。ミセス・ルビーに約束したのだから、と思った。私は下腹部に痛みを感じながら、手術室に入り、手術用のマスクで顔を覆った。この手術が終わってから、すぐにＥＲ（救急病棟）に駆け込もう、そう決心した。

ゴールディーのお腹を開いた途端、そこはまさしく血の海であった。どす黒い血があっという間に腹部からあふれ出て、手術台全体に流れて広がり、その血が私の手術ガウンにも達し、さらにガウンの下のシャツ、ズボンにも流れてきた。

勢いよく吹き出る血は、私の顔にも容赦なく飛んでくる。この血の海の中から、一刻も早く脾臓を探し出し、脾臓動脈を縛らなくてはならなかった。

血の海の中に手を突っ込んで、手探りで脾臓を探す。とてつもなく大きな腫瘍に手が触れた。こいつが悪の源なのだ、と全神経を集中する。

手術の麻酔モニターは、ピーピーと警戒音を鳴らし始めた。ゴールディーの両足から、最大限の速さで輸血と輸液をしていたが、それでも血圧はみるみる下降していった。心臓に不整脈も発生し始めた。手術助手、麻酔チームも皆、青ざめた表情で私の動作を見守っている。

ゴールディーの血は次々とわいてはこぼれ出て、手術室の床にポタポタと流れ落ちる。その時、私の右手が、かすかに、でも確実に、脈を打っている動脈に触れた。こいつだ、と直感して、指に神経を集中して、きつく摘《つま》んだ。他の臓器や血管を傷つけないように、注意深く行わなくてはならなかった。その時、ゴールディーの心臓が停止した。

ピーという心電図音に負けないように、私は大声で叫ぶ。

「強心剤、エピネフリンも、早く打って!」

ゴールディーに強心薬、呼吸促進薬が投薬される。私はその間も、あきらめずに脾臓の血管を押さえ込んだ。サクション(吸引器)で血を吸い上げると、脾臓動脈が見えてきた。ここだ、と思い、細心の注意を払いながら、力強くそこを縛った。

出血のスピードが急に弱くなった。その時、人工装置に取り付けられていたゴールディーの心臓と呼吸が再開した。ありがとう、神様。私は心の中で感謝する。ふと、ゴールディーのいない家で、たったひとりで祈りを捧《ささ》げているミセス・ルビーの横顔が脳裏にうかんだ。がんばれゴールディー。がんばれ手術チームのスタッフ。がんばれゆう子。汗と涙と血にまみれながら、私は巨大な脾臓腫瘍と格闘を続けた。

ゴールディーは生き返った。そして私は腫瘍と出血の闘いに勝った。皮膚縫合を終えた私は、ゴールディーの顔を見た。あれほど蒼白だったゴールディーの粘膜に、うっすらと血の気が蘇《よみがえ》っていた。心臓も血圧も、安定していた。後はゴールディーの回復を待つだけである。

私は下腹部と腰に、強い痛みを感じた。緑色の手術ズボンが、血で真っ赤に染まり、靴の中まで血が流れ込んでいた。自分の血と、ゴールディーの血が混ざり合って、ズボンの裾からポタポタと流れ落ちていた。

病院のスタッフは、術後のゴールディーを集中治療室に運び、あわただしく動き回っていた。私はひとり、取り出したゴールディーの脾臓に近づき、眺めた。タオルに包まれた、血だらけの巨大な脾臓である。50センチくらいの長さで、先のほうに、ちょうど人間の、赤ちゃんの頭ほどの腫瘍ができていた。重さは3800グラム。タオルごと持ち上げてみた。ずっしりとした重み。そしてまだ、少し温かかった。私は思わず、脾臓を抱きかかえた。ずっしりとした重さを両腕に感じた時、不意に私の目から涙がこぼれた。

今まさしく、流れ死のうとしている私の赤ちゃんが、もし運よく助かったら、数ヵ月後には、こんなふうに、抱き上げることができるかもしれない。私は悪い母親かもしれない。自分のことを後回しにして、犬の手術をしていた。本当にこれでよかったのだろうか……。しかし院内は今、騒然としており、そんな私の涙に気がつく人はいなかった。

「ドクターゆう子、ゴールディーに術後のモルヒネを打ちます。ここにサインして！」とテクニシャンのひとりが、いきなり後ろから紙を差し出した。私はあわてて涙をふいてサインをした。その後、再びミセス・ルビーに手術の経過と結果を説明し、今後の処置をカルテに記載した。後のケアはスタッフがやってくれる。私は裏で待機していた夫の車に飛び乗り、ＥＲに向かった。

車の後部座席に横になった。ふうっと深いため息をついたら、ふと、ごく自然に、神への願いが口から出た。

「神様、どうか、ゴールディーが順調に、回復しますように……」

これが最初に出てきた言葉だった。そして次に、「それから、どうか、私の赤ちゃんが無事に助かりますように……」と小声で言った。私の下半身からは、ドクドクと出血が続いていた。

最初の願いは叶えられた。ゴールディーはその後、素晴らしい生命力で順調に回復し、２日後には退院して自宅療法に切り替わった。そしてミセス・ルビーの献身的な看護のおかげで、完全に回復して、再び元の日常生活を行えるようになった。

２番目の願いは叶えられなかった。私の赤ちゃんは流れ死んでしまった。あの時、ゴールディーの手術の最中に、ゴールディーの命と引き換えに、失ってしまった。

あの時、ゴールディーの手術をしないで、ＥＲに駆けつけていたら、赤ちゃんは助かったかもしれないし、やはり助からなかったかもしれない。それは誰にもわからない。

ゴールディーはその後、2年あまり平穏に生き、老衰で生涯を終えた。あの後、ミセス・ルビーは、ゴールディーが生きているということを、毎日感謝し、1日1日を大切に、残されたゴールディーとの時間をゆっくりと、静かに、お互いの愛を確かめながら過ごした。

関節炎や慢性貧血などで、晩年のゴールディーをその後、頻繁に診察したが、ミセス・ルビーの顔はとても平和で、感謝に満ちていた。ロサンゼルスの自宅と、ニューポートビーチにある別荘を、行ったり来たりする生活で、ふたりで静かに過ごしていると言っていた。浜辺の別荘で、ゴールディーとミセス・ルビーがふたり寄り添って、水平線に沈む真っ赤な夕日を無言で眺める、そんなオレンジ色のシルエットが目に浮かんだ。最期の時も、ミセス・ルビーは満ち足りた気持ちで、平穏にゴールディーを見送ることができたのだった。

女性は時として、大きな決断をしなくてはいけない時がある。仕事をしている女性は特にそうであろう。結婚するか、子どもを産むか。出産後、育児に専念するか、仕事を続けるか。ふたり目を産むか。いつ仕事に復帰するか。あるいは、離婚をするか、しないか。夫や家族と相談しながらも、最終的には自分で決断をくださなくてはならない。今回の流産の時のように、仕事を中断するかどうか、とっさに判断をしなくてはならない場合もあるだろう。

おそらく、自分の選択が100パーセント正しいと思っている女性は少ないのではないか。本当にこれでいいのだろうか、と迷いながら、戸惑いながら、それでも、自分の信じた道を進まなくてはならない。だから、女性はより悩まなくてはならない。だから女性は、より苦しまなくてはならない。男女平等が当たり前になった現在でも、やはり女性は、男性にはない負担を、どこかで背負わなくてはならない。

今でも、診察室に小さな子どもをみると、「あの子が生まれていたら、今頃はこの子くらいの年齢になっていた」と、寂しく思う時がある。でもそれは一瞬である。私は、ゴールディーの緊急手術をしたことを、決して悔やんではいない。もしあの時、ゴールディーがあのまま死んでしまっていたら、ミセス・ルビーはおそらく、最期の静かな時間を過ごすこともなければ、何か物足りない気持ちで、未消化のままゴールディーとお別れをしなくてはならなかっただろう。たった2年でも、ミセス・ルビーに、最期のお別れを言う時間を与えることができた。それだけで、私は十分に満足している。

世界には、不幸な動物が何百万匹、何億匹といる。虐待され、病み、傷ついても、治療さえ受けることのない動物たち。生を授かり、健康そのもので生まれてきても、誰ももらってくれない、というだけで、保健所で殺される動物たち。そんな中、私が実際に、助けることのできる動物は、ほんのひと握りである。私が獣医師として毎日一生懸命働いても、せいぜい、一生のうちに数百匹から、数千匹の命を救えるに過ぎない。私にできるのは、ほんの微力であると愕然《がくぜん》とすることがある。だからこそ、私は、診察室で出会う動物のすべてに、全力で向き合って、全力を尽くして真剣勝負で診療、手術をしたい。今までに、いいかげんな気持ちで診た動物は一匹たりともいない。いいかげんな気持ちで、他に考えごとをしながらメスを握ったことも、一度もない。それは私の、獣医師としての強い信念であり、誇りでもあるのだ。

どんな時でも私は、動物の命を最優先したい。

私は獣医師というプロである。大切な患者の命を救うこと、すなわちそれが、私の幸せでもあるのだ。そう、獣医師という仕事は、私のプライドであり、誇りなのだ。だからあの時、血を流しながら手術をしたことを、決して悔いてはいない。確かにあの時は泣いた。つらくて、悲しみから立ち直るのに時間がかかった。でも、いつまでも悲しんではいられない。私を必要としている動物が、今日も病院にやって来るのだから。だから今日も、私は白衣を羽織って、診察室に入る。一匹一匹との出会いに感謝しながら……。

ふたつの命

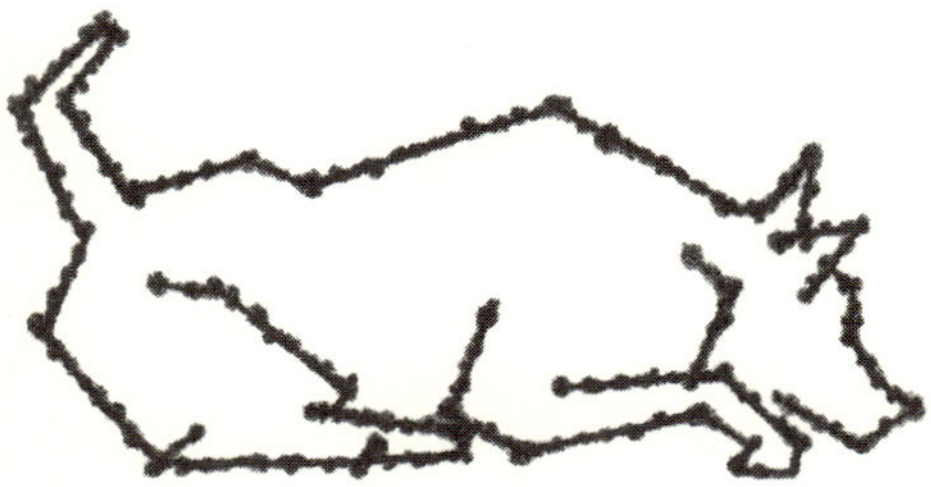

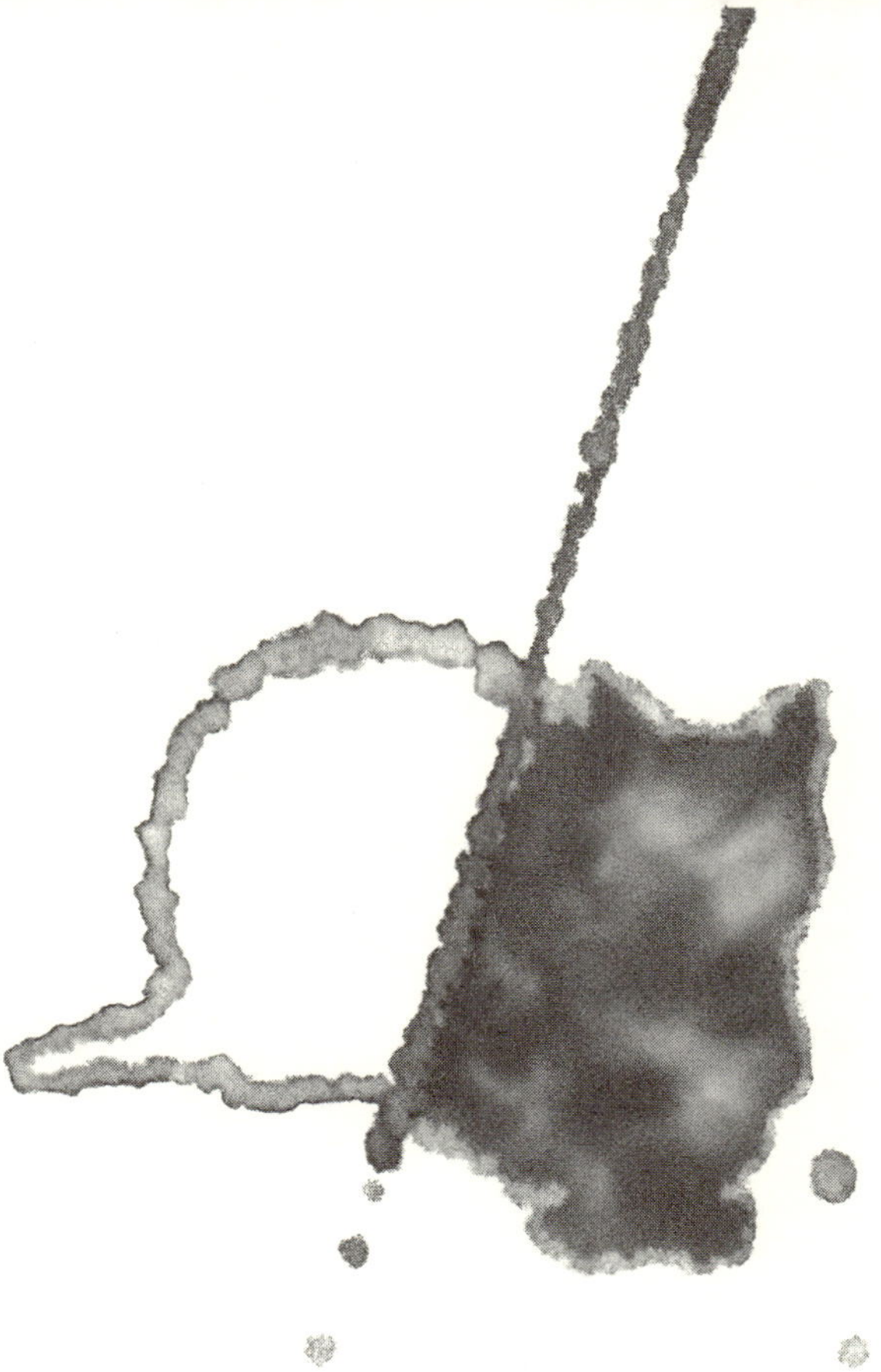

# 3日間だけミッシー

「Well, how about Missy?（そうね、ミッシーなんて、どうかしら）」

パティーは、ちょっと微笑《ほほえ》みながらそう答えた。診察台の上には、全身グレーの、ひどく痩《や》せて疲れきった猫が、タオルの下に隠れて、縮こまっていた。カルテの、動物の名前の欄には、「B78」とあった。これは明らかに事務的につけられた個体標識であり、名前ではない。私はパティーに、この子に名前はないのか、と聞いたのだ。

「ミッシー」はその時初めて、名前をもらった。3歳のメス猫であった。

パティーは、猫のレスキューをしている女性である。家の中には、30匹近い猫が住み込んでいた。すべて、何らかの理由で保護されたホームレスの猫である。これらの猫の里親をいつも探していたが、ほとんどが成猫なので、簡単に里親はみつからないのだ。多頭飼育であるが、どの猫もきれいで、栄養状態もよく、不衛生な環境で飼われているとは思えなかった。「シンギタ・アニマルレスキュー」という、全米規模の犬猫のレスキューグループの、一メンバーとして、パティーは大変積極的にレスキュー活動に参加し、責任を持って世話していた。実際、彼女は猫のケアや病気について、よく勉強して豊富な知識と経験を持っていた。

パティーは、保険会社のエージェントの会社を経営していた。いつも自宅で仕事をしているので、30匹という猫の世話をすることができるのだ。まだ40歳そこそこの彼女は、明るくテキパキとした、ブロンドのショートヘアーがよく似合うキャリアウーマンでもあった。

そんな彼女が、ミッシーの体重がどんどん落ちて、最近元気がない、ということで、来院したのだった。

ミッシーの生い立ちは、実に波瀾に満ちていた。

ミッシーは3年前、約300頭の猫が飼われている家で生まれた。普通の一軒家である。家の主は、精神的な問題を持った中年の女性で、後に動物虐待で検挙された。女性は、ある程度の猫の知識はあったらしく、白血病ウイルスが陽性の猫と、陰性の猫を分けて飼っており、一部の猫にはワクチン接種もしていた。またほとんどの猫には、不妊去勢手術も行っていたらしい。しかし、どの猫にも完全な世話をしていたわけではなく、不妊手術をしていない猫たちは次々と妊娠し、子猫を産み落としていった。家の中は、もちろんある程度野生化した猫たちで、悪臭も相当していたが、かといって、まったく野放し状態でもなく、糞便《ふんべん》の始末や、食餌《しょくじ》の世話を、女性はできる限り行っていたようだ。彼女なりに、300匹の猫を、愛情を持って飼っていた、と後日述べたそうである。

300匹の猫がロサンゼルス市に保護された時、すべての猫の健康診断が行われた。約半数の猫は白血病ウイルスが陽性であったため、その場で安楽死された。残りの陰性の猫のうち、一部の猫は慢性の鼻炎や他の病気を患っており、病状が進んでひどい状態の猫は安楽死され、残った猫は、レスキューの人たちに保護された。そこで時間をかけて里親を探すことになったのだ。

ミッシーは、保護当時1歳。白血病は陰性で、健康状態も悪くはなかった。すぐに不妊手術が施されて、あるレスキューの女性の家に保護された。

グリーンの瞳を持ち、全身が明るいグレーの、短毛の猫である。なかなかチャーミングな姿をしているし、まだ若い。里親にもらわれる可能性は十分にあった。だが、ミッシーはいつも、タオルの下などに隠れて、ブルブルと震えていた。里親探しに出されても、顔も見せずに陰に隠れている。そんな性格の子は、里親になかなか気に入ってもらえない。

レスキューの女性の家では、ミッシーはいつも、他の猫にいじめられていたそうだ。他の猫たちに威嚇《いかく》されると、尻尾《しっぽ》を丸めてベッドの下などに隠れて、ずっと出てこないという。トイレに行こうとしても、他の猫に邪魔をされて、用の途中で無理やり追い出されたりしたそうだ。

見かねたレスキューの女性は、他の猫とならば、相性がよいかもしれないと思い、他のレスキューの人の家へ、ミッシーを預けた。

そこでも、ミッシーは他の猫にいじめられた。いつもいつも、ミッシーは他の猫に気をつかいながら、ベッドの下からほとんど出てこない生活を続けていた。

そして数ヵ月前に、ミッシーはパティーの家にやってきた。パティーの家には、部屋がいくつかあり、パティーが仕事場として使用している部屋には、現在老齢の猫が4匹いるだけなので、ミッシーが、それほどストレスを感じることなく生活できるに違いないと思ったらしい。

パティーの仕事部屋に移り住んだ後も、ミッシーは先住の猫に気兼ねして、いつもこそこそと隠れる生活を続けていた。ミッシーはとても気が小さく、繊細な神経の持ち主なのだ。パティーは、ミッシーが食餌を食べている姿を一度も見たことがない、と言った。皆が寝静まった深夜に、ベッドの下からひとり出てきて、食べるらしいのだ。しかし、ここ1、2週間、ミッシーの毛艶《けづや》が衰えて、みるみる痩せてきたので、パティーは心配になって、来院したのであった。

ミッシーは体の細い猫であったが、痩せこけていたわけではなかった。脱水症状も起こしていなかったが、腹部を触ると強い痛みがあるようだった。何か大変なことが、ミッシーの体内で起こっているのがわかった。

ミッシーは早速入院することになり、数々の検査が行われた。その結果、急《きゅう》性膵炎《せいすいえん》を起こしていることが判明した。膵臓《すいぞう》に発した炎症はかなり酷《ひど》く、胆管《たんかん》から肝炎《かんえん》も併発して、また血糖値もかなり高くなっていた。このまま膵臓の炎症がおさまらないと、ミッシーは急激に弱って、死亡してしまうかもしれない。そのくらい大変な病気であった。

私はミッシーに、早速、膵炎の治療を開始し、状態を見守った。しかし、懸命な静脈点滴、血清輸血、強い鎮痛薬の投与にも関わらず、ミッシーの容態はみるみる悪化していった。体温は下がり、腹部の痛みはますます強くなるばかりで、嘔吐《おうと》も始まった。血圧も下降していった。膵炎は、とても大きな痛みを伴う病気である。ミッシーの目はうつろで、生気がなく、もう生きようという意欲がそこにはなかった。呼びかけても、何をしても、ミッシーはじっとうずくまって、私の顔を見ることもなかった。

私はパティーに電話して、ミッシーの状態は悪化する一方で、このままだとミッシーを救うことができない、と正直に言った。パティーは、涙声になって言った。

「本当に不幸な星の下で生まれてひとり孤独に死んでいくのね、ミッシーは」

しかしパティーは、最後まで希望を捨てず、最大の努力をして治療を続けてほしい、と私に訴えた。

膵炎は、ストレスが要因で誘発される病気であると言われている。ミッシーの場合、もともと気が小さく、複数の猫との同居生活という、ストレスが原因になっていたのは言うまでもない。しかし、それはパティーのせいではないのだ。彼女はレスキューのひとりとして、できるだけのことはやったのだ。彼女は毎週、ミッシーの里親を必死に探していた。でも、結局誰にももらわれることなく、歳月だけが過ぎてしまった。パティーを責めるのは間違っていると思った。

その夜、私は深夜まで病院に残って、その日やり残した仕事の整理をしていた。検査の結果を、飼い主さんに電話で報告したり、その日行った手術のレポートをカルテに記入したり、という作業である。他のスタッフたちはもう、皆帰ってしまい、院内には私ひとりが、ドクタールームに残って仕事をしていた。

私は、机上の仕事にちょっと疲れて、立ち上がって大きく伸びをし、隣の処置室に行って、ミッシーの様子をうかがった。ケージの中の彼女は、点滴の管の奥から、ちょっとだけ私の顔を見上げて、すぐにうつむいてしまった。その時ふと、ミッシーは私に、抱かれたいのかもしれない、と感じた。ちょうど、寂しくてかまってほしい子どもが、わざとすねて、うつむく時と同じように思えたのだ。

私はタオルの下にうずくまっているミッシーを抱き上げた。ミッシーは抵抗しなかった。痩せ衰えた軽い体が、痛々しかった。私はそのまま、点滴の電動ポンプと一緒に、ドクタールームに移動して、椅子《いす》に座って、ミッシーを膝《ひざ》の上にのせた。ミッシーはその間、まったく抵抗しないで、私の膝の上でじっとしていた。

それから私は、再びカルテに書き込みを始めた。右手で書きながら、左手で、ミッシーの顎《あご》の下をやさしく撫《な》でた。硬くこわばっていたミッシーの体が、少しずつ柔らかくなるのを、膝に感じた。そしてしばらくして、私は、静寂の深夜の病院に、とても小さな音を聞いたのだった。ミッシーが、ごくごく僅《わず》かながら、「ごろごろ」と喉《のど》を鳴らしたのだ。

その瞬間、ミッシーの寂しさが、全身に伝わってきた。そして、はたと気がついたのだ。

この子は、生まれてから、こうやって人の膝の上にのったことがなかったのだ。こうやって、喉をやさしく撫でられたことが、一度もなかったのだ。普通の家猫ならば、ごく当たり前のことを、一度もしてもらったことがなかったのだ。そして、本当は人一倍甘えん坊のミッシーは、それを表現することもできず、他の猫をおしのけて、「私を撫でて」と言って人間に近づくことさえできなかったのだ。ミッシーは来る日も来る日も、撫でてもらいたい欲求を、自分の心の中で押し殺していたのだ。ミッシーが求めていたのは、膝の上で甘えること、喉を撫でてもらうこと、そんな簡単なことだったのだ。

ミッシーは、膝の上で、本当にかすかな声で、喉をごろごろと、いつまでもいつまでも鳴らしていた。それは、他の誰にも聞こえないような、小さな小さなごろごろであった。しかし、私の膝から、私の手から、そのごろごろは、心に強く響きわたった。

確かに猫を300匹まで増やしてしまった精神異常の女性は罪である。だが、ミッシーが不幸なのは、その後、誰にももらってもらえない、という厳しい現実のためだ。現在、日本にもアメリカにも、犬や猫があり余っている。ペットの数は飽和状態に達していると言われている。1匹の成猫の飼い主を見つけるのが、どれだけ大変か、レスキューをしている人なら誰でも知っている。

パティーのようなレスキューは、シェルター（動物管理センター）で殺される運命にあるペットを、家に連れて帰って、世話している。週末には、ペットショップやショッピングセンターに赴き、里親探しを行っている。そうして、時間をかけて、ホームレスの子たちの飼い主を必死に探しているのだ。ミッシーが病気になったのは、パティーのせいではない。ペットがあり余っているという社会問題のせいなのだ。

翌朝、ミッシーはケージの中で、ひとりで息を引きとった。いつものように、タオルの下で、丸くなったまま死んでいった。ミッシーという名をもらって、3日目の朝であった。

私はパティーの承諾を得て、検死解剖をした。ミッシーの膵臓は、見るも無残な様相を呈していた。2倍以上に腫《は》れた膵臓は、自壊して、赤く、ドロドロのゼリー状になり、出血をしていた。酷い炎症は、膵臓だけではなく、胆管、肝臓から十二指腸にまでひろがっていた。最大量の鎮痛薬を持続投与していたが、おそらく、ミッシーは地獄のような苦しみを経験していたに違いない。ミッシーの膵臓を見た同僚の獣医師が、おもわず目をそむけて、「ああ、なんて酷い……」と絶句していた。

私は獣医師の彼女に言った。「昨晩、私がミッシーを抱いたら、ごろごろと喉を鳴らしていたのよ」と。すると彼女はあきれた顔で言った。

「ユウコ、こんな膵臓で、こんなひどい末期の膵炎で、猫がごろごろ言うはずないじゃない」

信じてくれなくても、無理はないと思った。でも、私は確かに、静寂の夜の院内で、ミッシーのごろごろを聞いたのだ。誰も信じてくれないかもしれないが、あれはまぎれもなく、ミッシーのごろごろだった。悲しくて切ない、でもちょっとうれしそうなミッシーの喉の感触を、私は一生忘れることはないだろう。ミッシーの死は、ペットの過剰社会を作ってしまった、私たち人間すべての責任である。私たち人間は、ミッシーのような、数えきれないほどたくさんの、不幸なペットの死を、厳粛に受けとめなくてはならない。

# 3日間だけミッシー

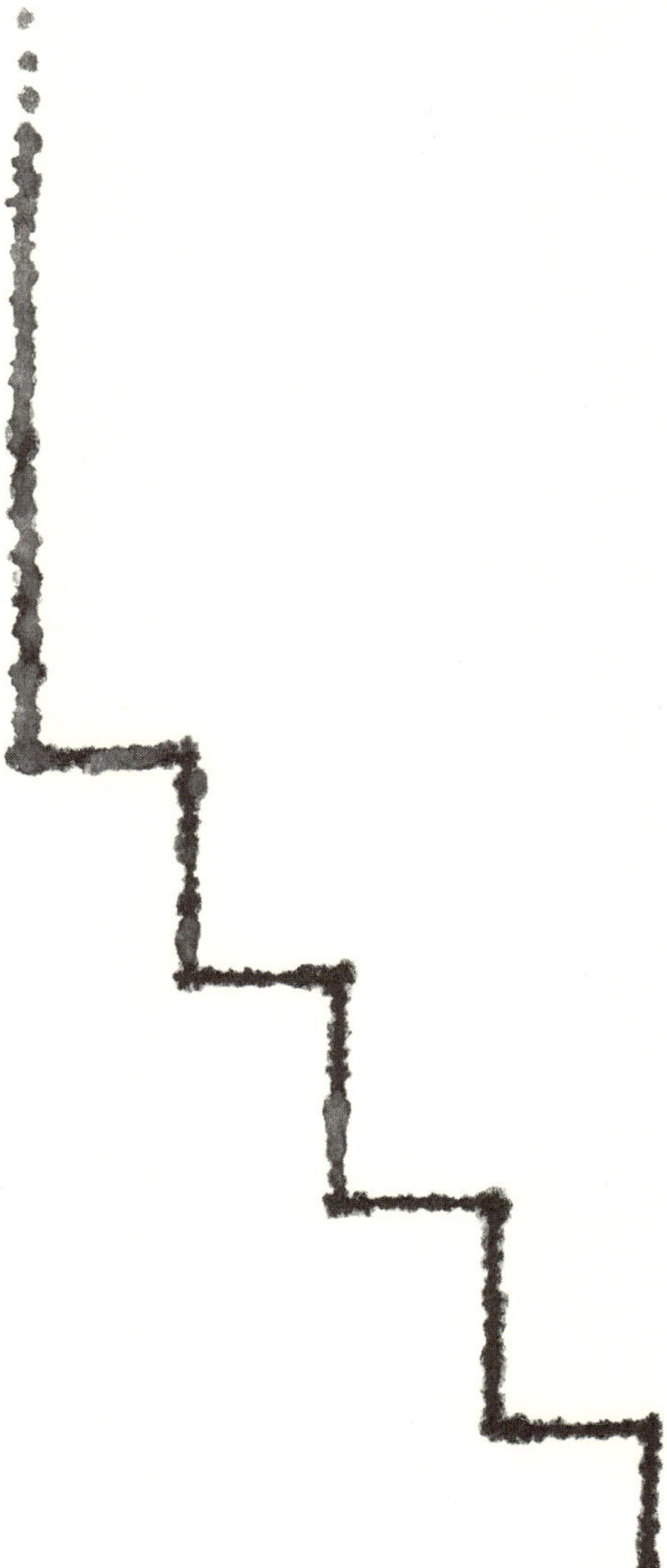

# 公園への階段で

久しぶりだね、スポット。この公園まで来たのは。
いつもの散歩コースより、ちょっと遠いし。
寒かったし、私忙しかったから。
なんて、言い訳言い訳。
朝の気持ちよい冷気。
いつものように、リードを離して、公園まで駆け上がろう。

私ちょっと、太ったかな？　階段走るの、重たい重たい。
年末年始、パーティー続きだったからなあ。
なんて、言い訳言い訳。
ね、スポット。
あれ？　スポット、どこ？
振り向くと、ずっと下にスポットがいる。

公園への階段で

よっこらしょ、よっこらしょ、と、
一段一段、辛そうに上がって来る。
白い息を吐いて、懸命に、痛そうに、階段をゆっくり這っている。

一瞬、頭の中が真っ白になった。
スポット、階段、うまく登れない。
スポット、いつもは、私よりずっと早く、駆け上がっていたのに。
どうしたの？

足の弱った老犬は、毎日見ている。
診察室に入ってくる老犬は、時々、痛そうに足を引きずっている。
そんな犬を見かけたら、私はいつも、迷わず、反射的に、
すぐに犬に駆け寄って、手を差し伸べる。

体を支えて、歩くのを手伝ってあげる。
足の弱った犬を介助するのは、慣れている。

でも、私は、スポットを見ても、静止したまま、動くことができなかった。
スポットに駆け寄って、支えてあげることができなかった。
ただ、スポットが、ふうふう言いながら、一段一段、
ゆっくりと上がってくるのを、私は呆然と見ていた。

ようやく階段を上がり、私の横に来たスポットは、
私を見上げて、ちょっと照れたように笑った。
私の目から涙がこぼれた。
スポットは、老犬になったのだ。
私はそれを、認めたくなかったのだ。

登るのを手伝ったら、スポットを老犬と認めてしまうような気がして、怖かった。
だが、それは、まぎれもない、事実であった。
認めなくてはならない、どうしようもない事実だった。

ゆっくりとゆっくりと、スポットが一段一段、階段を登るように、
私とスポットが一緒に過ごせる時間が、少しずつ短くなってゆく。
彼はゆっくりと、こうして、天国への階段を登ってゆくのだ。

思えば、11年前、大震災の後、ぼろぼろになっていた私。
その時、彗星のように私の前に現れた、野良だったスポット。
あれから、スポットはいつも変わらず、私の「子」だった。
頭では理解できても、スポットが年をとるのは、認めたくなかった。
一緒に過ごす時間は、あとどのくらい？

ごめんね、スポット。
明日から、階段は、ちゃんと手伝ってあげるからね。
痛くないように、ゆっくり一緒に登ろうね。
見てごらん、プレヤデルレイの、美しい朝靄。
すがすがしい、鳥のさえずり。
気持ちいいね。
本当に気持ちいいね。
出会えて、よかった。
そしてゆっくり、ゆっくり、
時間をかけて、さようならをしたい。
ありがとう、スポット。
ゆっくり、ゆっくり、
Saying Goodbye.

# 公園への階段で

# 9歳のアイム・オーケー

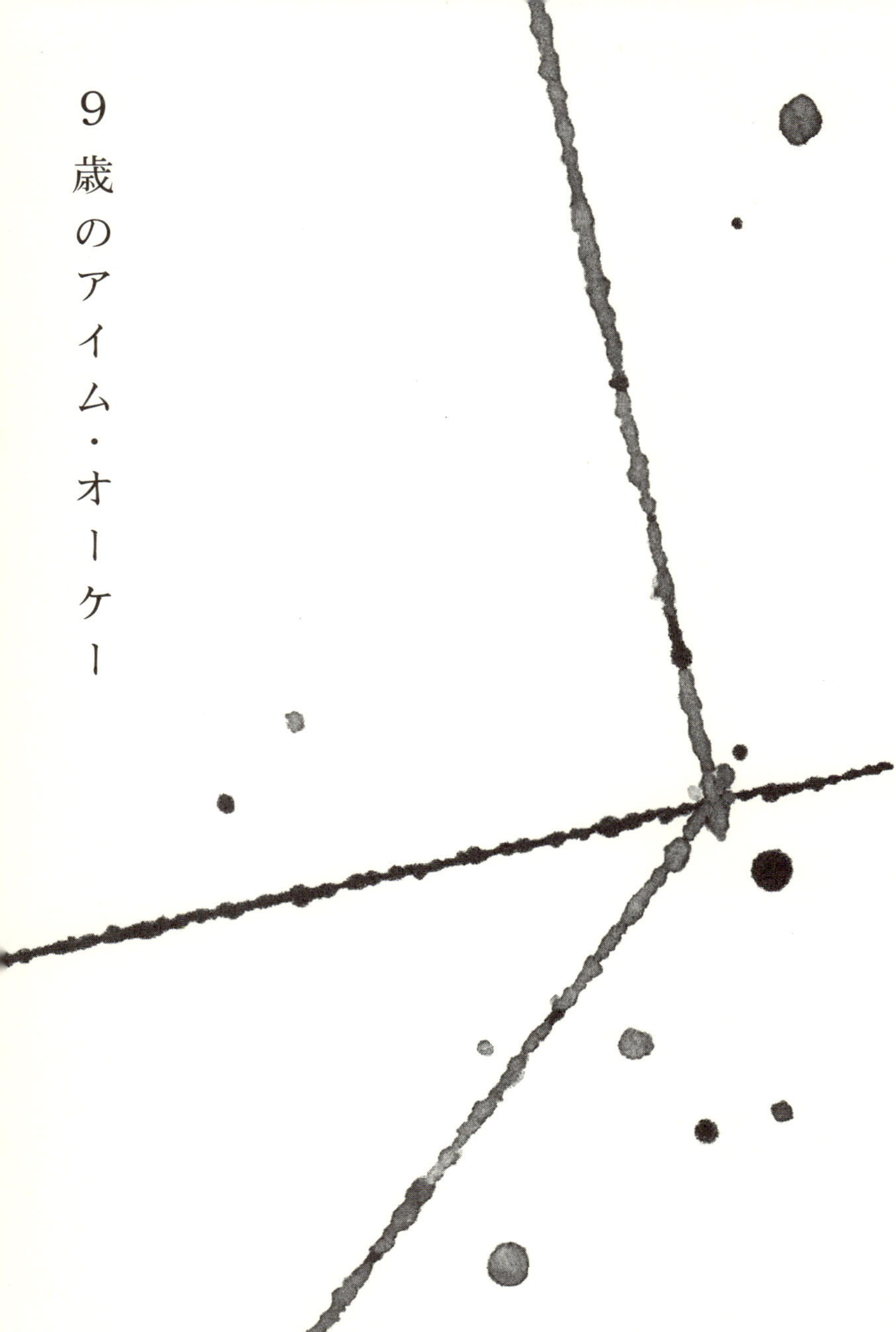

「急患！　早くして！」

ナースのひとりが、意識のない猫を抱きかかえて、診察室に飛び込んできた。忙しい、月曜日の午後の院内で、私は犬のガーゼ交換をしていたところだった。

まだ若い、黒々とした毛艶《けづや》の、大きな猫であった。胸部と、足先が真っ白の、とてもチャーミングな猫だ。

だがその猫は意識不明の重体であった。瞳孔《どうこう》は最大限に拡大し、ペンライトに反応はなし。可視粘膜は蒼白《そうはく》。心拍数250、呼吸数60、どちらも異常高値である。体温も血圧も上昇していた。

「チューブ挿管、静脈点滴を全開にして！　酸素吸入、それから採血して、大至急検査して！　全身レントゲンも！」

私は早口で、ナースにオーダーを出す。とにかく、瀕死《ひんし》状態のこの猫を、救わなくてはいけない。院内のスタッフが全員集まり、手分けしてテキパキと処置が始まった。

診察室のドアを開けると、青ざめた顔をした若い女性と、不安でいっぱいの目をした少年が私を待っていた。女性は小柄の白人女性で、まだ20歳代と思われた。少年は、小学校4年生であった。私は、猫に何が起こったのか尋ねた。口を開いたのは、少年のほうであった。

「学校から帰ってきたら、庭で、トミーが倒れていたんだ。朝はいつものように、キャットフードを食べて、元気で、いつもとまったく変わらなかった。何が起こったのかは、僕にもわからないよ」

少年は、しっかりとした口調で答えた。

「トミー」は1歳のオス猫で、去勢手術はされていなかった。家の中と外を自由に出入りする猫であった。

状況から考えると、トミーが病気である可能性は低かった。交通事故に遭ったか、どこからか落ちて脳挫傷《のうざしょう》したか、あるいは、毒物を誤って食べてしまったか、という可能性が浮上した。

その少年、ダグは、私の質問を聞き、ひとつひとつ、感情的にならずに、ちゃんと答えてくれた。9歳にしては、ずいぶんしっかりとした、頭脳明晰《ずのうめいせき》な子だ、と私は思った。彼の言葉から、ダグがトミーを大変よく世話し、いつもよくみている様子がわかった。母親は私に言った。

「ダグはこの猫を愛して愛して、よく世話をして、それはかわいがっていました。先生、何とか、トミーを救ってくださいお願いします……」

だがトミーの容態は、その後も改善しなかった。点滴、各種薬物投与を開始しても、意識は戻らず、そればかりか、心臓に不整脈も発生するようになった。血圧も体温も、今度は低下し始めた。

血液検査、レントゲン検査の結果、感染症や病気ではなく、また、骨折や内臓出血といった外傷もないことが判明した。どこかで、毒物を誤飲した可能性が強く浮上した。しかし、その毒物が何であろうと、もう脳症状までに達した強い毒物を、体内から取り除くことはできない。とりあえず、胃洗浄をして胃の内部をきれいに全部排除したが、残っている毒物らしき物は発見できなかった。

ダグの母親は、貯金もなく、治療費、入院費を一度に払うことはできないと言った。それでも、何ヵ月かかっても、何年かかっても、必ず全部払うから、どうか治療をあきらめないで、トミーを何とか救うように、全力を尽くしてくれ、と私に言った。その必死の嘆願の様子から、この若い母親の責任感の強さを知り、そして何か深い事情が背後にあるのではと感じた。

病院のクレジット（分割払い）の書類を見て、私は目を疑った。母親はまだ26歳。シングルマザーである。受付係として働く彼女の月収は、手取り600ドル（約6万円）。扶養費などの、他からの収入は一切なかった。ダグを育て、教育費を払うのがやっとという生活ではないか。

トミーの容態は、時々刻々と悪化していった。私はいったい、どんな毒と闘っているのか。ネズミ捕りの毒物でも、庭の雑草の除草薬でもない。もっと強力で、もっと毒性の高い何かを、トミーは食べてしまったに違いない。恐ろしく大きな、見えない悪と闘っている気分で、ぞっとした。

トミーは昏睡状態《こんすいじょうたい》に陥り、そして小さく痙攣《けいれん》を始めた。カチカチと歯を鳴らしたかと思うと、あっという間に全身が硬直し、口から血と泡を吹き出しながら、ガクガクと大きく全身を痙攣させたのだった。私は大声でナースに叫んだ。

「ジアゼパム2・5ミリ静脈に！　フェノバルビタールも5ミリ静脈に、早くして！」

必死の処置にも関わらず、痙攣はおさまることなく、どんどん悪化していった。

私は母親とダグに説明した。それが何かはわからないが、何か猛毒がトミーの脳に達し、痙攣を抑えることが難しい。このままだと、トミーは全身に毒が回り、苦しみながら死ぬことになる。あきらめるのは悔しいけど、安楽死を選択して、トミーを安静に死なせてあげるのがベストだと思う、と私は言った。

「治療費なら、私が責任を持って、全額返済します。だから、どうか、少しでも助かる見込みがあるならば、安楽死をさせないでください、先生」

母親の青い瞳から、大粒の涙が流れ落ちた。

私は言った。

「お金の問題ではありません。トミーがかわいそうだから、安楽死を勧めているんです」

私の声も必死だった。

するとダグが、すっと私を見上げて、落ち着いた声で言った。

「先生、トミーに会わせて」

私は一瞬、猫が痙攣で苦しむ姿を、9歳の少年に見せるのはどうか、と迷った。だが、しっかりとした判断のできる、かなり大人びたダグを信じることにした。

集中治療室で、点滴の管、気管の管、あらゆる医療モニターが取り付けられ、小さくガタガタと痙攣しているトミーを見て、ダグは一瞬、言葉に詰まった。そして、トミーの黒い胴体をゆっくりと撫《な》で、涙声になりながら、ダグはトミーに言った。

「トミー、しっかりしろよ。目を覚ませよ。死んじゃやだよ。元気になって、またスズメを捕まえてこいよ。あのスズメは、デカくって、すごかったよな。僕、本当はお前のこと、見直したんだぜ。トミー、聞こえているの？　この前は悪かった。僕のチーズあげなくって。今度からちゃんと分けてあげるからさ。一緒に食べようよ。僕もちゃんと学校行って、教会にも行って、お母さんの手伝いもするから。だから早く、目を覚ませよ。また一緒に遊ぼうよ」

そしてダグは私に向かって、かなり激しい口調で言った。

「先生、頼むから、トミーを助けてくれよ。先生だったら、できるんだろ？　知ってるんだろ？　どうやって生き返らせるか。もったいぶらないで、助けてやってよ。お金だったら、ちゃんと払うから。僕アルバイトして、ちゃんと払うから、頼むよ。先生！」

ダグは小さな手を、ぐっと握り締めて、私に全身全霊を込めて、お願いをしたのだった。


この後母親は、トミーの苦しむ姿を見るに忍びない、先生の言うとおり、安楽死するのがベストだ、と言って、「安楽死承諾書」にサインをして、帰っていった。

私は、大きく波長が乱れるトミーの心電図を見ながら、このままがんばっても、あと数分でトミーは息絶えるに違いないと確信しながら、安楽死用の注射薬を注入した。硬くこわばっていた全身が、すっと柔らかくなり、そして痙攣と呼吸が停止した。間もなく心電図がピーと鳴って、一本のまっすぐな線になった。

翌日、私はダグのことが気になり、電話をした。ダグの母親は、言った。

「ダグは今、ちょっと不機嫌で、私にも八つ当たりして、先生とも話したくない、と言っています。どうしてもトミーを助けたかった、と思っているみたいです」

私も胸が痛んだ。9歳の子にとって、今回の死は、あまりにもショックで、衝撃的だったに違いない。私は何と言ったらよいのか、慰めの言葉も出てこなかった。

それから4日後。忙しい土曜日の午後のことだった。

外来診察していると、スタッフのひとりが私に耳打ちした。

「ダグがひとりでやってきて、ゆう子先生にちょっと会いたいって。2分でいいからって」

私は重症患者の治療の最中だったので、フロントで待ってもらうように伝言した。

その日は本当に忙しい日で、20分くらい待たせてしまった後、ようやく私は、フロントに向かった。ちょっとだけ、心臓がドキドキした。ダグは、何て言ってくるだろうか。私に文句を言いにきたのだろうか……。

待合室は、多くの人でごった返していた。窓際の椅子《いす》に、ひとりポッンと座っているダグがいた。小さなリュックを背負って、ひとりおとなしく待っているダグを見て、一瞬、ノーマン・ロックウェルの「獣医さんの待合室」の絵のイメージと重なった。そういえば、ダグは、あの「獣医さんの待合室」に描かれている少年と、年齢も、容貌《ようぼう》もそっくりだ、とその時初めて気がついた。

ダグは私と目が合うと、にっこりと笑って近づいてきた。

「あのさ、先生」

ダグは私の顔をすっと見上げて言った。

「一言、謝っておきてくて。先生、僕のこと、怒っているだろう？　だから、いいよ、もう怒らなくて、って言いたくてさ」

彼は妙に大人ぶった口調で言った。

「怒っている？　私がダグに？　どうして？　怒るわけないじゃない。あんなかたちでトミーを失って。私はトミーを助けることができなくて、すまないと思っているのよ」

「いいんだよ、ゆう子先生。先生は全力を尽くしたんだし。安楽死して、トミーはあれでよかったんだよ。それより、僕あの時、ガキみたく感情的になって、先生を責めて、悪かったなと思って。だから、ゆう子先生、僕のこと、怒っているんじゃないかと思ってさ。それがちょっと、気になってさ」

彼は照れたように、そばかすだらけの顔でちょっと笑った。

「あの時、トミーは末期状態だったし、感情的になるのは当たり前よ。私がダグに失望したり、怒ったりするわけないじゃない。トミーを救えなくて、本当にすまなかったと思っているの。心から謝るわ」

私の本心であった。

「そうか。先生、僕のこと、怒ってなかったんだね。よかった。誤解が解けて。ま、先生忙しそうだから、僕はこれで失礼するよ、じゃあね」

ダグは軽く手を振って、待合室を去ろうとした。

「ダグ。本当に力になれなくて、ごめんなさいね。今はつらいと思うけど、早く元気になってね」

私は必死の思いでそう言った。

病院のドアに手をかけながら、ダグは大きな声で、本当に明るい声で、にっこりと笑いながら私に言った。

「アイム・オーケー！」

その彼の言葉は、大きくすがすがしく、力強く、病院の待合室全体にいきわたった。そして私の心に大きく響いた。

これからのダグの人生は、決して平穏ではないと予想される。若いシングルマザーを支えながら、裕福とはいえない生活をしながら、中学、高校へと進学しなくてはならない。

だが彼の力強い声に、私は勇気づけられた。ダグならきっと、母親を支えながら、しっかりとしたやさしい青年に成長するに違いない。最愛の猫の、あまりにも突然の不幸な死という経験を乗り越えて、ダグはちょっとだけ、成長したのかもしれない。

走り去るダグの後ろ姿を、病院のガラス越しに見ながら、私は込み上げてくる熱いものを、抑えるのに必死だった。

## 9歳のアイム・オーケー

たま

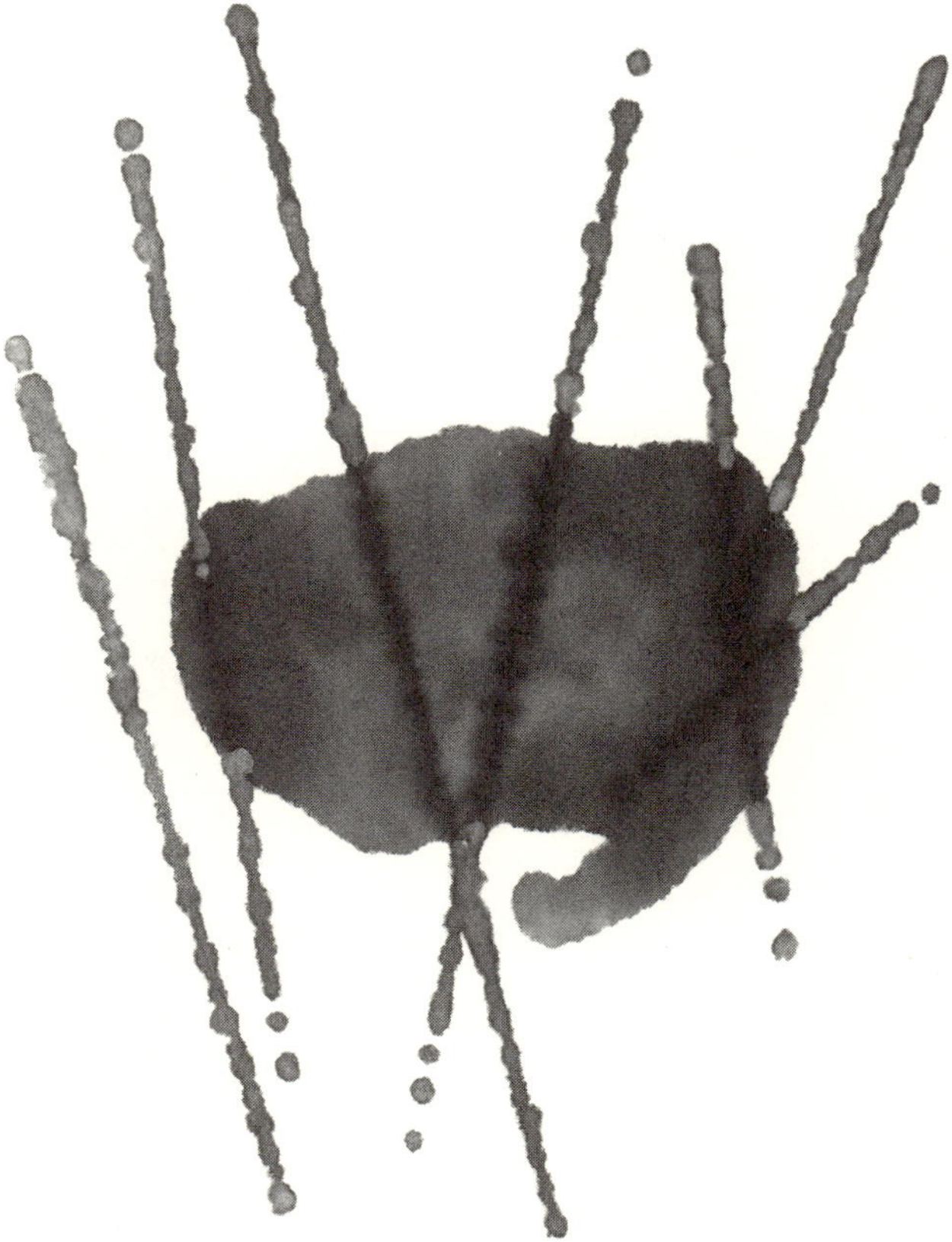

「たま」は、私が獣医大の3年生の時に、キャンパス内の農場で拾った、野良猫だった。

まだ20歳そこそこの、獣医学生だった私は、当時大変忙しい生活を送っていた。獣医大のカリキュラムは厳しく、朝は8時に講義が始まり、午後は実験、実習が夜の6時、7時まで続く。それからインスタントラーメンなどで夕食を済ませ、その後は所属する講座で自分の研究論文用の実験をしたり、図書館で調べ物をしたりして過ごした。家に帰るのは早くて深夜12時、1時過ぎ。帰宅後も、レポートを書いたり宿題をしたりしなくてはならず、明け方ようやく眠りにつく。そして翌日はまた、朝から講義という生活であった。しかも、学期ごとに試験があり、その間に講座内の研究発表もあり、土日も返上して、アルバイトもデートもする時間がなく、毎日忙しくしていた。

当時私は、大学の近くにアパートを借りて、ひとりで暮らしていた。アパートから獣医学部へは、キャンパス内の農場を横切って通学していた。

## たま

ある4月の朝、いつものように農場を歩いていると、1匹のシャム系の雑種猫が、じっと草むらにうずくまっているのを発見した。農場の牛舎には、何匹か野良猫が住んでいたので、たぶん、その1匹だろうと、あまり気にもしなかった。ただ、じっと動かず、うつむいたままだったので、病気なのかな、と一瞬思った。だが、1講目の始業時間が迫っていたので、猫に構っている暇はなく、そのまま急ぎ足で大学に向かい、猫のことなど、すぐに忘れてしまっていた。

その日も帰路についたのは、深夜を過ぎた頃だったと思う。雨が降っていた。春といっても、札幌の4月はまだ寒い。農場を早歩きしていると、ふと、猫のか細い鳴き声を聞いたような気がした。そういえば、今朝、この辺で野良猫を見たなあ、と思い出し立ち止まった。辺りは暗闇と静寂で包まれており、傘にぶつかる雨の音と、自分の吐く白い息以外、そこには何もなかった。「気のせい」と思い、また歩き出した。空耳で猫の声を聞くなんて、ちょっと疲れているのかもしれない。早く帰って寝よう、と思った。

でも、なぜか妙に気になる。私はもう一度、立ち止まった。30秒くらい、もう一度耳を澄ませてみた。何も聞こえない。だが、何かがいる。私はそう直感した。そして、今来た道を3メートルくらい戻り、濡れた草むらをかき分けてみた。自分でもなぜだかわからない。何かに取りつかれたように、草を分け、茂みの奥の、ある一点を目がけて進んでいった。

いた。今朝のあの猫。横になって、じっと動かない。恐る恐る抱き上げると、その体はすでに冷たく、細く、空気のように軽かった。猫の毛は雨で濡れていた。残念ながら、もう死んでしまっているようだった。

学生だった当時の私は、胸に耳を当てて心音を聞くとか、可視粘膜の色を見るとか、そういう技術は何も持ち合わせていなかった。ましてや、人工呼吸の蘇生術《そせいじゅつ》も、まったく知らなかった。ごめんね。今朝、助けてあげられなくて、病気だったんだね、と思いながら、冷たい猫をそのままじっと見ていた。すると突然、猫が軽く口を開けて、1回だけ呼吸をした。ひゃあ、この猫まだ生きている、と心の底から驚いた。そして、まだ先輩たちが残っている、大学病院に向かって、猫を抱えて走り出した。自分のショルダーバッグと傘を、その場に放り投げて。

今から思うと、猫は「チェーン・ストークス」という末期呼吸をしていたのだった。脳死が近づくと、自発呼吸ができなくなり、30秒から1分に1回、反射だけで持続する特殊な呼吸が発生することがある。そして間もなく呼吸停止、心停止になるのだ。あと1分か2分、発見が遅かったら、助からなかっただろう。深夜の大学病院で、猫は幸運にも息を吹き返した。極度の栄養失調と貧血、脱水症状のために気を失っていたのだ。私はその猫に、「たま」という名をつけた。まだ1歳くらいの、若いメス猫であった。

なぜ、あの時私は、草むらをかき分けたのだろう。末期呼吸のたまが、あの時、声を出せるはずはなかった。でもたまが必死に心の中で助けを求めていたのかもしれない。その魂の叫びが、私の心に届いたのかもしれない。

その日から、私とたまの生活が始まった。その時は、「飼い主が見つかるまで」という軽い気持ちであった。しかし、私とたまとの交流が、その後20年以上も続き、その間、私の人生の、波瀾万丈《はらんばんじょう》の時を、たまが精神的に支えてくれるようになるとは、その時は夢にも思っていなかったのである。


新聞や生協やスーパーの掲示板など、ありとあらゆる所に、広告を出した。ひょっとしたら、たまの元の飼い主が現れるのではないかと。あるいは、たまを飼いたいという人が出てくるのではないか、と。しかし、私の広告の横には、「かわいい子猫差し上げます」というのが、9も10も並んでいた。

その時私は、生まれて初めて、ペットが余っているという厳しい現実を実感した。欲しいという人の数に比べて、差し上げますという人の数が、どれだけ多いことか。そして、成猫は、まず望みがなかった。愛くるしい子犬、子猫を、まず、人は欲しがるからだ。

仕方なく、たまは私の同居人となった。といっても、アパートではペット禁止。しかも私は、寝る時間もないくらい、忙しい生活を送っている。まったく非常識な決断であったが、そうする以外方法はなかった。15時間、16時間という長い間、アパートにひとりにしても、たまは文句も言わずに、おとなしくしてくれた。気の優しい猫だった。今から思うと、自分は一番安いキャットフードを山盛りにして出かけ、猫のトイレを毎日掃除するだけの、ひどい飼い主だった。時間もなければ、お金もない貧しい学生だった。

不妊手術をすることもできず、当然のように、たまに発情がやってきた。いつもはおとなしい彼女も、その時だけは情熱的な声を張り上げて鳴き叫んだ。大家さんに見つかると大変である。仕方ないので、大学に連れて行き、女子ロッカー室に隠しておいた。かわいそうだったが、そうする以外どうすることもできなかった……。

女子学生のロッカールームは当時、警備員のおじさんが入ってこられないのをよいことに、様々な動物の溜《た》まり場となっていた。ボトルで育てられている子猫、離乳食が必要な子リス、救った野生の小鳥やハト、実験後に処分されるはずだったマウス、そして多くの拾い猫など、多種多様の動物が隠されて飼われていた。

たまがロッカー室に滞在している時、他の生徒の、生後3ヵ月齢の子猫も、ある事情で隠されていた。しかし、まだ子猫であると思い、さほど気にもしないで、一緒に遊ばせておいた。ところが後日、たまの妊娠が発覚。その時、3ヵ月齢のオス猫に交配能力があることさえ、私はまったく想像できなかったのである。獣医師のたまごとして、まったく情けない話である。子猫の飼い主は、クラスメイトの女子生徒であったので、「責任をとって、生まれてくるたまの子を、何匹か引き取ってよ」と、迫った。すると「子猫をレイプしたのは、たまのほう」と、逆訴訟されてしまった。1匹でも飼うのがやっとという生活なのに、これ以上の猫を飼うのは絶対に不可能であった。

たまはその後、帝王切開で2匹の子猫を産み、その後、不妊手術が施された。私は忙しい学業の間、必死に子猫の里親を探した。そして、運よく2匹一緒にもらってくれる人に巡り合えた。

ある日曜の朝。子猫はちょうど8週齢になっていた。子猫2匹をリュックに入れて背負い、自転車で1時間半かけて、子猫を届けた。そして昼頃、アパートに戻ると、部屋中が荒らされていた。ベッドの毛布は引きずり下ろされ、座布団がひっくりかえっている。子猫が入っていた籠《かご》も逆さまになって、中に敷き詰めてあった毛布が、離れた所でくしゃくしゃになっていた。

たまは、突然いなくなった子猫2匹を、必死に探していたのだ。後から、隣の住人に、「おたくの猫、ギャーギャー鳴いていたわよ」と注意された。たまは疲れ果てて、ふてくされて、座布団の上で寝ていた。よく見ると、たまの目に、大きな涙が光っていた。

私はたまを抱き上げると、大声を上げて泣きながら謝った。授乳のために大きくなった乳房とはうらはらに、たまの体は痩《や》せ細り、肋骨《ろっこつ》が浮き上がっていた。それがあまりにも痛々しかった。

トラ模様が素敵だとか、青い目がかわいいとか、目が開いた、歯が生えたと、喜ぶのは人間のほうである。母猫は、命をかけて出産し、昼も夜も寝ないで授乳し、子猫の体を舐《な》めて、骨身を削って出産育児をする。たまは、本当は、ずっと子猫と一緒にいたかったのだろう。それが、突然、人間の都合で、いなくなってしまった。私はたまの、肉体的、精神的苦痛を思うと、涙が止まらなかった。

この時の私の経験は、現在、私が、不妊去勢手術を強く勧める、原動力の源になっている。

その後、苦しく長い学生生活、国家試験の勉強、学位論文、それらを乗り越えることができたのは、たまが私の心を、いつも穏やかに支えてくれたからだった。

その後、私は獣医師免許を取り、東京それから続いて、北海道の動物病院で、代診として働いた。仕事をしながら、私は、日本社会の様々な「矛盾」を知ることになる。

当時、女性獣医師はまだ珍しい存在で、そして数少ない女子獣医学生は、臨床の道を選ばず、研究者や公務員という職業を選ぶのが一般的だった。そのような時代だったので、来院する飼い主さんに、私が獣医師であると思われたことがなかった。看護婦さん、アシスタントの人、丁稚奉公《でっちぼうこう》の人、お弟子さん、あるいは、「あの娘」と呼ばれる毎日だった。私の社会人1年目は、まずそのような現実を知ることから始まった。

しかし、犬や猫と一緒に仕事をすることは、楽しいというのを確信したのも、この時期だった。家族のように大切にしている飼い主さんに、理論的に説明して、ペットの病気を治し、正しい生活指導をし、そして感謝されること、そんな仕事を大変有意義に感じていた。臨床獣医師という仕事を一生続けたい、と思う一方で、女性差別、男尊女卑、医療界の徒弟制度、権力主義、学閥制度、そして、動物の命よりもお金が優先される現実を見て、私はひとり苦しんでいた。

そんな現実に、私は自分なりに全力で臨み、見えない力に対して、正面から闘った。

それをいつも、影で精神的に支えてくれたのは、やはりたまだった。どんなに傷ついて、ボロボロになって帰っても、たまはいつも優しい心で、私を包んでくれた。今から思うと、私はたまに、どれだけ救われたか知れない。

日本社会に幻滅し、アメリカに渡ろうと決心した時、私はたまの世話を、母にお願いした。まったく知らない国での新しい生活に、たまを連れて行くのは無謀だった。もしうまくいって、アメリカ生活が落ちついたら、たまを迎えに来よう、そう決心してたまを母に託した。後ろ髪を引かれる思いで、成田を後にしたのだった。

ロサンゼルスに住んでからの数年は、本当に大変だった。労働ビザを取り、仕事を探し、英語を学び、アニマルテクニシャン（動物看護士）のライセンスを取る。永住権を取り、アメリカの獣医師国家試験を受け、何度も落ちては悔し泣きをする。英語しか通じない環境の中で、一生懸命黙々と働き、夜は寝る時間も惜しんで、米国獣医師免許の勉強をする。たったひとりで、誰も知っている人のいない土地で、私は努力する以外、何もできなかったし、何も持っていなかった。そして、つらくてつらくて、どうしようもなく苦しい時に、ああ、もう駄目かな、もうあきらめようかな、と思った時に、いつもがんばれと励ましてくれたのは、アパートのたまの写真だった。

数年後、私は結婚し、ロサンゼルス市内に小さな家を買った。私はたまをアメリカに呼ぶ決心をした。これでまた、たまと一緒の生活ができると胸が高鳴った。ところが、その時たまは、10歳を超える老猫になっており、渡米するには難しい年齢になっていた。

私は、自分の都合で、母にたまを押し付けて渡米したのに、また自分勝手にたまを返せと強く言うことができなかった。私は自分のわがままを反省した。たまが、母と幸せに暮らしているという事実に安堵《あんど》し、ふたりの平穏な生活をそのまま、そっとしておくことにした。

さらに数年の歳月が流れた。たまは18歳を過ぎていた。ころころと太っていたたまの体重が落ち、水を飲む量が増えたと母は言った。最寄りの獣医師の検査で、たまは腎臓病を患っていることが判明した。その頃、父が他界し、母の体調もよくないということで、相談した結果、たまをアメリカに移して、たまの最期は私が看取《みと》るという結論で合意した。

名古屋の講演会の帰り、私は実家に寄り、たまを引き取った。一回り細くなったたまは、歯も抜け、白内障も進み、耳もあまりよく聞こえなかった。長時間のフライトを心配したが、何事もなく無事にたまは太平洋を渡った。

たまは、最低限のことは自分でできたが、慢性のアトピー性皮膚炎と老齢に伴う関節炎も併発しており、少しずつ体力は衰え、慢性貧血、慢性歯肉炎、高血圧と闘わなくてはならなかった。

我が家の先住の犬、猫たちに邪魔されないよう、小さなベッドルームをたま専用の部屋とし、専用のトイレとベッド、食べ物を与えた。たまはすぐに、アメリカ生活に慣れてくれた。暖かいカリフォルニアの陽気の下で、ひなたぼっこをする楽しみも覚えた。

しばらくは、自宅療法が中心で、皮下輸液《ひかゆえき》と薬、特別食でコントロールしていたが、少しずつ、少しずつ、たまの病状は進んでいった。

やがて通院では対処しきれなくなり、昼間、私が仕事の時は、一緒に病院に連れて行って治療をしていたが、たまはいつも文句ひとつ言わずに、キャリーやケージの中でおとなしくしていた。その頃はもうヨボヨボで、歩くスピードもかなり落ちていた。

皮下輸液や断続的な静脈点滴でも、病状が悪化するようになり、長期留置針を首の血管に手術で埋め込み、自宅で24時間点滴をするようにした。

数ヵ月、たまはそれでもよくがんばってくれた。だが、もう限界であった。体重はどんどん落ち、食欲もなくなり、頻繁に嘔吐《おうと》をするようになった。腎不全の末期症状だった。

私はそれでも、あきらめたくなかった。強制給餌《きょうせいきゅうじ》の人工チューブをたまの体に埋め込み、高カロリーの腎臓病特別食を、チューブから4時間おきに与えた。たまもその頃になると、もう完全に生気がなくなり、呼びかけても、抱いても、ほとんど反応することがなくなっていた。死がもうすぐそこまでやってきていた。

そしてついに、たまに黄疸《おうたん》が併発した。前日からひどい下痢も発生した。それから、ほんの10秒くらい、軽い痙攣発作《けいれんほっさ》を起こした。尿毒症と黄疸が、脳にまで影響しているのは明確であった。たまの体力は急速に衰えていった。もう限界であった。

このまま看病を続けても、せいぜい、あと1日か2日の命だろう。そればかりか、痙攣発作で、苦しみながら、目をむき出して最期を迎えるかもしれない。最期は自宅で、平穏に静かに死なせたい。かねてからそう希望してきた。だが、泡を吹いて痙攣し、苦しむたまを目の前にして、私は、居ても立ってもいられなくなった。

私は、たまを安楽に逝《い》かせる決心をした。

前日、病院で、静脈にカテーテルを入れて、家に戻った。

そしてその日の朝。ロサンゼルスの春は、いつものように晴れ上がり、たまが好きだった裏庭で、私はたまを膝《ひざ》の上にのせて、ずいぶん長い時間、一緒にひなたぼっこを楽しんだ。たまは気持ちよさそうに、目をつむったまま、じっと動かなかった。「気持ちいいね、たま。鳥のさえずり、聞こえる？」などと話かけながら、私はかなり長い時間、たまを静かに撫《な》でていた。

痩せ細った体だったが、たまはゆっくりと、静かに呼吸をしていた。もう起き上がることもできない、話すこともできないたまだったが、私の膝の上でのひなたぼっこは、気持ちよくて安らいでいる、という彼女の気持ちが、十分に伝わってくるものだった。目を閉じたたまの顔は、安らかで、ちょっとだけ微《ほほ》笑《え》んでいるようにも見えた。

さよならをするなら、今しかない、と思った。

私は、用意してあった、安楽死用の注射を取り出すと、そのまま、たまを膝の上にのせたまま、腕のカテーテルからゆっくりと薬を注入した。たまは気がついているのかいないのか、少しも動くことはなかった。

私はその時、たまの顔を見ていた。たまはまったく表情を変えることはなかった。目を閉じたまま、気持ちのよい日差しの中で、ずっと穏やかな寝顔を保っていた。

次の瞬間、たまの胸に目を移すと、たまはもう、呼吸をしていなかった。そっと心臓に手を当てると、その鼓動はすでに止まっていた。

私はたまにキスをするために、そっと腕に抱き寄せた。痩せ細ったたまは、空気のように軽かった。その軽さは、あの日、大学のキャンパスで、初めてたまを抱き上げた時と同じだった。あの日のたまも、右側を上にして、こんなふうに横たわっていた……。

あの日から21年の歳月が経っていた。

22歳の大往生であった。

たまは、私の人生の移り変わりの時期を、一緒に過ごし、精神的に支えてくれた猫だった。それゆえ、私にとっては、特別な猫である。そしてたまは、私に、数え切れない大切なことを、教えてくれた。

私にとって、たまが特別でかけがえのない猫であったのと同様、毎日診察室にやって来る動物たちも、その飼い主さんにとっては、特別な存在なのだ。それを、私は、獣医師として、1日たりとも忘れたことはない。

診察室にやって来る飼い主さんは、多くを語らない。けれども1匹1匹の動物に、ひとりひとりの飼い主さんに、出会いのストーリーがあり、特別な感情がある。例えワクチン1本でも、診察室で出会う動物は、その人にとって特別な存在なのだ。

私は、そんな大切なペットの健康を守り、責任を持って生活指導する立場にあることに、心から感謝している。だからこそ、どんなに忙しくても、どんなに疲れていても、いいかげんな気持ちで診察室に入ることはない。診察室では、私の全身全霊をかけて、神経を研ぎ澄ませて、診察に集中する。それが私の、臨床獣医師としての、誇りなのだ。

Everyone needs their own Spot.
人は皆、スポット（自分だけの居場所、そして自分だけの特別な犬）が必要である。

たま

奇跡

自分が、もし神様だったら、どんなによいだろうと思う時がある。自分が神様で、そして、「奇跡」を起こすことができたなら……。

でも、しょせん私は普通の人間。どんなに望んでも、奇跡を起こすことはできない。病で死にゆく動物を、寿命で死んでいく動物を、生き返らせることはできない。

生あるものは、すべて、やがて死んでいく。その法則を覆すことは、獣医師とて絶対にできないのだ。

わかっていても、でも、奇跡を起こすことができない自分が、悔しくて悔しくて、情けなくなる瞬間がある。

ジェシカは、30歳代後半の、大変細い体をした女性だった。大きなヘーゼル色の瞳と、ちょっとダークな茶色の髪が、神秘的な雰囲気を醸し出していた。

彼女の英語はかなり早口で、よくスラングが交ざっていた。

彼女が溺愛《できあい》していたのは、大きな大きなイエローラブの「クライド」。９歳のオス、肥満ぎみ。彼の頭、骨格はもともとがっしりとしており、体重は50キロ近くあった。

ジェシカはひとりで生活しており、何かホームビジネスを行っているようだった。だが経済的には決して裕福ではなく、いつも着古したTシャツ、ジーンズを着用し、恐ろしく古いポンコツのアメ車に乗っていた。

彼女のプライベートなことは何も知らない。だが、多くは結婚し、家庭を持つ年ごろである女性が、異常なほどクライドを溺愛し、ボーイフレンドの話題もない様子を見るにつけて、何か過去に苦しい思いをした人に違いない、と、漠然と感じていた。実際、彼女がふと見せる悲しそうな横顔、クライドとふたりで歩く後ろ姿には、何とも言えない哀愁があった。

ジェシカのことを、「She is crazy」と言うスタッフがいた。私は彼女が異常なのか、単にクライドを思う気持ちが強い女性なのか、わからない。だが、クライドのためなら、彼女は確かに、普通の人よりもかけ離れた行動をすることが多々あった。

例えば、クライドが2、3回咳《せき》をする。すると彼女は、夜間救急病院に電話をして、今すぐクライドをERに連れて行くべきかどうか、救急獣医師と直接話したいと電話口で叫ぶ。「2、3回咳をしたくらいで、元気もあるならば、今連れてこなくても、もう少し様子をみたら」と、救急医がアドバイスをしたとする。するとジェシカは、今度はコンピューターに向かい、一晩中、犬の咳の原因について調べまくるのだった。

翌朝一番、彼女は真っ赤な目をして、4センチほどの厚さの紙の山を私のところに持ってくる。インターネットのサイトを印刷したものだ。そして、「肺炎か、肺癌《はいがん》か、あるいは、喘息《ぜんそく》かアレルギーか、ひょっとしたら、心臓病かもしれない、精密検査をしてほしい」と、インターネットで仕入れた知識を私に持ちかけてくる。当のクライドは、咳もなく、呼吸も食欲も正常。ジェシカの横でけろっとしている、という具合なのだ。

ある時、クライドが一度だけ食餌《しょくじ》を嘔吐《おうと》した。たぶん、ドライフードを多量に急いで食べ過ぎただけだったのに、ジェシカは、胃癌および膵臓癌《すいぞうがん》を疑った。クライドがちょっと下痢をした時は、神経性大腸過敏症からクローン病、大腸癌とジェシカ博士は診断した。

院内のスタッフは、そんな彼女を変わり者扱いして嫌っていたが、私は、けな気で一直線なジェシカの態度、そして誰よりも、クライドを愛する気持ちを、何よりも尊敬していた。誰に何と言われようとも、彼女はクライドを心から愛し、真剣に世話をし、彼女なりに全身全霊を込めて、愛情表現していたのだと思う。

だから、クライドが丸1日何も食べず、ちょっと熱っぽいと感じて、心配したジェシカが青くなって来院した時も、私は心の中で、「またか」と思ってしまった。真っ赤に充血した目のジェシカのインターネット診断では、「鼻が乾いて食欲がないのは、癌に間違いない」ということであった。

私は、愛敬《あいきょう》を振りまきながら尻尾《しっぽ》を振っているクライドに近づき、診察を始めた。確かに、クライドはちょっと熱っぽかった。そして、彼の顔を撫《な》でたら、耳の下のリンパ腺《せん》が大きく腫《は》れている部分に、指が触れた。右側も、左側もである。そして、顎《あご》、胸、わきの下、足の付け根、足、と普通よりも相当大きく腫れているリンパ腺に、次々と手が触れた。

私は声を失った。これは、ただごとではない兆候だ。

ただちに、血液検査、レントゲン検査、超音波検査、それに、腫れたリンパ腺のバイオプシー（生検）を実施した。

そしてクライドは、リンパ肉腫《にくしゅ》という、一種の癌にかかっていることが判明したのだった。

皮肉にも、ジェシカ博士のインターネット診断が、命中してしまったのだ。

そしてそれは、ジェシカが一番恐れていた「癌」という病気であった。

私は、クライドが癌であるということを、ジェシカに電話で告げるのはやめた。感情的で繊細なジェシカである。時間をかけて、ゆっくりと、面と向かって話し、彼女の質問をとことん聞こうと思った。

敏感なジェシカは、病院に呼ばれた時から、悪いニュースであることは覚悟していたようだった。診察室に入ると、ジェシカは開口一番、「ドクターゆう子、クライドは癌なんでしょ」と聞いてきた。私は言葉に詰まった。彼女の目は恐怖心でいっぱいで、彼女の細い指は細かく震えていた。

私は単刀直入に答えた。

「リンパ肉腫の亜型。中規模の進行度。癌の一種よ」

その瞬間、ジェシカは大声で汚いスラングを叫び、椅子《いす》から立ち上がって、ドアを開けて診察室を出て行こうとした。私は大慌てで彼女を呼び止めた。

「ジェシカ、待って。よく聞いて。話はこれからよ。これからどうするのが、一番いいか、話し合うためにあなたを呼んだの。クライドにとって何がベストか、一緒に話しましょう。まずは、落ち着いて！」

ジェシカは動揺しながら、とりあえず椅子に座った。そして私自身も診察椅子に座り、ジェシカと向かい合い、彼女の膝《ひざ》と自分の膝を接触させて、彼女の両手をやさしく握った。

「ジェシカ、よく聞いて。話しはこれからよ。ここであきらめることを、私は考えていないの。これから一緒に、力を合わせて治療をしないと。そのためには、ジェシカ、まずあなたがしっかりとしないと駄目よ」

ジェシカの目から大粒の涙が滝のように流れた。

私は、リンパ肉腫の病気について、予後、治療法、そして、これから具体的に、どのようなプロセスで精密検査が行われ、癌専門医と会って相談し、どんな治療を開始するか、ということを、詳しく説明した。その間、ジェシカは、私の顔を呆然《ぼうぜん》と見つめながら、私の話はあまり理解していないようであった。小声で、「うそ……うそ……うそでしょ……」と、何度もつぶやいていた。

最後に私は、あらかじめ用意してあった、病気の説明、概要を書いた紙を彼女に手渡した。

「ジェシカ。とにかく今日は帰ってゆっくり休んで。クライドが家で待っているわよ。そして明日、私に電話して。もう一度ゆっくりと話しましょう」と促した。

翌日、ジェシカからの電話はなかった。私のほうから何度も電話をしたが、留守番電話のメッセージが繰り返されるだけであった。私は、何通りかのメッセージを残した。

その翌日も、その次の日も、彼女からの電話はなかった。私は悪い予感がした。ひょっとして、ショックから立ち直れないでいるのかもしれない。アパートに引きこもっているのだろうか。

考えてみると、ジェシカは、「私の友達が」と話してくれたことは、一度もなかった。彼女自身の親兄弟の話も、一度も聞いたことがなかった。彼女には、ひょっとしたら、友達も家族もいないのかもしれない。こういう時に、心の支えになってくれる人が、彼女にはいるのだろうか……。私は何だか、とてつもなく大きな間違いをしてしまった気分になった。そして、悪いほう、悪いほうに考えてしまった。ジェシカが、もし、クライドと一緒に死のうと思っていたら……。

その晩、診療が終了したら、私はカルテの住所を頼りに、ジェシカのアパートへ行く決心をした。もしドアが閉まっていたら、大家さんに事情を話して、開けてもらおう。何だか、縁起でもないことを考えてしまい、私は背筋が寒くなる思いがした。

その日最後の外来を終えた時であった。突然、病院のフロントに、ジェシカがクライドを連れて現れたのだった。ジェシカは3日前と同じ服を着て、げっそりと瘦《や》せて、ぼそぼその髪をしていた。3日間、泣きはらしたという顔をしていた。そして、その横で、クライドが相変わらず、愛敬のある目をして、尻尾を振っていた。

「ドクターゆう子！」

彼女は私を見つけると、大声で叫んで近寄ってきた。そしていきなり、待合室の真ん中で、私の両手をがっしりと握ってきた。

「私、決心したの。ようやく決心できたの。癌と闘う。クライドのために、全力を尽くす。これから、ゆう子先生と、私と、クライドと、3人がチームになって、闘いましょう。私、負けない。癌になんか、負けない。絶対に勝ってみせる。絶対に。絶対に。絶対に。絶対に……」

憔悴《しょうすい》した彼女の顔だったが、その時、目にはエネルギーがみなぎり、輝いていた。そして痛いくらいに私の両手をしっかりと握り、何度も何度も、確認するように、私の手を握り締めてきた。
私の目から、涙がこぼれ落ちた。

ジェシカは生まれ変わったように、生き生きと立ち上がった。リンパ肉腫についてとことん勉強し、知識を得て、私が紹介した癌の専門医と会って、治療法について詳しく相談をした。そして間もなく、クライドの抗癌治療が開始された。クライドの体調をみながら、ベストとされる最新の化学療法薬物が取り入れられ、そのためジェシカは、私の病院、腫瘍《しゅよう》科の専門病院を、毎日のように行ったり来たり、という生活を強いられるようになった。体調と経過を調べるための検査も、随時、行わなくてはならなかった。

幸いにして、大きな副作用もなく、クライドは治療によく反応して、一時はレミッション（癌細胞の増殖がみられない寛解期）に入ることができた。ジェシカは水を得た魚のように、私に電話をしては、はきはきとクライドの状況報告をしてくれた。ジェシカからはプラスのエネルギーがみなぎり、それがクライドにどれだけよい影響を与えていたか、計り知れない。

リンパ肉腫は、完治することのない癌である。一時的に癌の増殖が止まっても、またいつ再発するかわからない。一生涯闘わなくてはならない癌なのだ。ジェシカはその時、クライドの癌が永久に治ると信じていたに違いない。治るに違いないという希望が、その思いだけが、ジェシカの心の支えになっていたと思う。そのくらい、ジェシカは全力を尽くし、がんばって治療に励んでいた。

私は心の中で手を合わせて、そっとお願いした。

奇跡が起こって、クライドのリンパ肉腫が、完治しますように、と。こんなに一生懸命に、犬のために尽くすジェシカに、奇跡をお与えください、と。

数ヵ月間、治療の効果がぐんぐん表れて、非常に良好な状態だったクライドにも、やがてまた、発熱、食欲不振といった症状が表れるようになった。小さくなったリンパ腺も再び腫れてきた。良好だった癌治療の効果がうすれ、再発したのだ。

ジェシカはショックを隠しきれない様子であったが、以前のように乱れることもなく、冷静に状況を受け止め、治療方針の変更に同意した。より強い抗癌薬が選ばれることになったのだ。

だが、ジェシカの必死の努力、クライドの努力もむなしく、リンパ肉腫は少しずつ、クライドの体を蝕《むしば》み、ジェシカにも疲労の色が見え始めた。いつも食欲だけは旺盛《おうせい》だったクライドも、食べ物を受け付けなくなり、嘔吐を繰り返し、次第に痩せて体力を消耗していった。

ジェシカも、私も、敗北感を感じながら、それでもクライドを苦しませないよう、あらゆる方法を考慮しながら、治療を続けていったのだった。

そして数ヵ月という時間が、ゆっくりと流れていった。

やがて、敗北の日がやってきた。その頃のジェシカは、もう、前向きに治療をすることよりも、弱りきって立てなくなったクライドの介護をしながら、クライドの横で手を合わせ、神に祈りを捧《ささ》げる日が続いていた。だが、ゆっくりとゆっくりと、確実に、クライドの死は近づいていた。

その日も点滴のために、ジェシカはクライドを連れて来院した。だがクライドは診察室に入った途端、呼吸を急変させ、意識を失い、その場で失神してしまった。それからあっという間に呼吸を停止させ、そのままクライドは、眠るように逝《い》ってしまったのだった。それくらい、クライドの体力は落ちていたのだ。

クライドの横で、呆然としているジェシカに、私は告げた。

「ご臨終です。今まで本当に、よくがんばったと思います」

ジェシカは、一瞬の間をおいて、しくしくと泣き出した。悲しい悲しい、心の奥からしぼり出すような、つらい泣き声だった。クライドの体に顔を埋めて、悲しい声で、静かに泣いていた。

ジェシカはその後、ずいぶん長い間、泣いていた。いたたまれなくなって、私は診察室を出た。そして1時間くらいして戻ってみると、彼女はまだ同じ姿勢で泣いていた。私は、何と言っていいのかわからなかった。ただ彼女の横に座り、やさしくジェシカの肩を撫でることしかできなかった。私もジェシカと同様、悲しみと敗北感で、いっぱいだった。


するとジェシカが、顔をあげて、ゆっくりと私に話し出したのだった。

「先生、本当は私、奇跡が起こると、ずっと信じていたの。本当は、ゆう子先生だったら、奇跡を起こして、クライドの癌を治してくれるに違いないと、期待していたの。でも、やはり奇跡は起こらなかった。先生は、神様ではなかった」

ジェシカは泣き止んで、しっかりとした声で私に話しを続けた。

「でも、この子は、私に、私の人生の中で、もっとも大切なものを、プレゼントしてくれました。私にとって、私の人生にとって、最大の贈り物をしてくれました」

ジェシカは、今度はしっかりと私の目を見て言ったのだった。

「それは、この子が、ゆう子先生と私を、巡り合わせてくれたことです。偶然にも、私はこの子をシェルター（動物管理センター）から引き取ることになり、そして偶然、私はロサンゼルスに引っ越すことになりました。そして偶然、私のアパートの近くに、先生の病院があって、そして偶然、私は先生と出会うことができました。

私は今まで、奇跡というのは、癌が治ること、この子が永遠に死なないことだと思っていました。でも、今わかりました。この子が与えてくれた奇跡は、病気が治ることではなかったんだと。本当の奇跡は、偶然が重なって、先生と出会うことができたことだったんだと。

なぜならゆう子先生。今はこんなにつらいけど、悲しくて、悲しくて、前が見えないけど、でも、私は絶対に、立ち直ることができるって、わかったの。なぜなら、ゆう子先生がこうやって、いつでも待ってくれるんだから。いつかきっと、私は元気になって、立ち直って、新しい犬と一緒に、ゆう子先生のところに戻ってきます。

前夫にめちゃくちゃに暴力をふるわれて、心も体もぼろぼろになっていた時に、私は偶然、クライドと出会った。あの時も、偶然の出会いだったんです。先生と私を巡り合わせてくれたクライドに、感謝しています。先生との出会いが、奇跡だったんです。先生は、私の希望の光です」

そういってジェシカは、涙でぐしゃぐしゃに濡れた顔に、ほんの少しだけ、笑みを浮かべた。

その昔、先輩獣医師が私に言った。「ゆう子はどうして、そんなに一生懸命なの？　もっと適当に手を抜いて診療しないと、体も心も持たないよ。犬が死ぬたびに泣いていたら、一生続けられないよ。もっと適当にしないと駄目だよ」と。

だが私は、一匹一匹の出会いを大切に、その飼い主さんと一緒に喜び、泣くことで、逆に元気づけられ、人生のエネルギーをもらってきた。

私だってひとりの人間だから、人並みにうれしいことも、悲しいことも経験する。つらいことがあっても、飼い主さんからの、励ましの言葉、お褒めの言葉をもらうことで、立ち直ることが多々あるのだ。

私は、子どもが大好きで、いつか３人くらい自分の子どもがほしいと思っていた。だが、今まで私は15回妊娠し、13回流産を経験している。そのうち１回は、妊娠７ヵ月での死産だった。我が子を流産するたびに、深い深い悲しみに陥り、絶望する。それでも、何度、流産をしても、どんなにつらくても、立ち直ることができたのは、もっとつらい思いをして、それでも前向きに生きている人たちに、診察室で出会うからだ。

苦労を乗り越えた人は、皆、美しい顔をしている。前向きに生きるエネルギーがある。

強く生きている人と出会うと、自分の不満、自分の悲しみなど、たいしたことではなく感じるから不思議だ。

エリザベスは、23歳の誕生日に、婚約パーティーを行った。だがその2週間後、婚約者が軍隊に召集されて、イラクへ行ったきり、二度と彼は戻ってこなかった。彼の形見として残された犬を連れて、彼女は来院していた。私は20歳代の時に大恋愛をしたことがあったが、彼がある日戦争に行って帰ってこないなんて、考えたこともなかった。彼を戦争に奪い取られることなく終わった恋は、幸せな恋だったのだと、つくづく思う。

マーサは、弁護士になるべく試験を受けて、最終面接を残す時に妊娠、出産した。子供は重度の障害児で6ヵ月しか生きられないと宣告された。マーサは仕事と学校を辞めて、重度の障害を持つ我が子を必死に看病した。現在、17歳になった娘と娘が大好きな犬を連れて、マーサは頻繁に来院する。「障害児を育てることで、私は弁護士になっていたら、学べなかった、大切なものを学びました」と、彼女は自分のキャリアをあきらめたことを、まったく後悔していない。

ヘレンは、耳が聞こえない。それでも、大切に大切に、最愛のシュナウザー犬をかわいがっている。トビーは、目が見えない。だから盲導犬と一緒に生活する。彼女と診察室で話しをすると、ジョークが多く入り、面白く楽しく、時間が経つのも忘れてしまう。障害を持ちながらも、動物と一緒に生活し、心豊かに人生を楽しむ人たちの強さに、私は魅せられる。

ロサンゼルスの日本語学校の教師である節子さんご夫妻は、40歳代の時に、虐待された2歳半の女児を、養子に迎えた。現在中学生となった娘さんの、きれいな英語と日本語、やさしい瞳、猫をこよなく愛する心を見ると、そんなトラウマはまったく感じられない。心と体に傷を負った幼児を、アメリカという異国の地で、ここまで美しく育てる苦労と愛情を想像すると、まったく脱帽する思いである。

アメリカ生活をしながら、4人の幼い子どもと妻を残して、若くして亡くなってしまった西川さん。その西川さんの猫が18歳になり、肝臓病になり、最後まで子どもたちと献身的に看病をした西川さんの奥さん。「クロちゃんは、この子たちよりも、長い付き合いだから、別れがつらい」と、美しい涙を流していた。異国で、母親ひとりで4人の子育てをするのは、どんなに大変なことだろうか。苦しみをともにしてきた猫との別れは、どんなにつらい出来事だっただろうか。

そんな様々な人たちと出会い、笑い、一緒に涙することで、私は自分が、どれだけ幸せな人間なのか、改めて自覚する。世の中には、こんなに苦労をしても、前向きに心豊かに生きている人が、たくさんいるのだと、温かい気分になる。

苦労を乗り越えて、前向きに生きている人との出会いは、獣医師としての私の宝である。

毎日、そんな立派な人たちと、診察室で出会うという偶然に、私は感謝する。

私も、ジェシカの言うように、偶然という出会い、出会いという奇跡を、信じたい。

# あとがき

犬と猫は、人間の4倍のスピードで歳を取る。

出会った時は子犬、子猫だったかもしれない。一緒に生活をする時は、「我が子」のようにかわいがったことだろう。だが、やがてペットたちにも老化が表れ、あるものは老い、あるものは病気になり、死を迎えることになる。

あるいは、不慮の事故や災難のために、最期の時期をともに過ごすことなく、永遠の別れをしなくてはならないこともあるだろう。

自分のペットとの別れは、つらく、悲しいものである。だが、人間よりも寿命の短いペットたちの最期を、責任を持って、安らかに逝《い》かせてあげたいと思うのは、日本人もアメリカ人もまったく同じである。

ペットは、家族の一員であり、我が子同様なのだから。

それゆえ、人は口をそろえて言う。「最期は、もう手術とか検査とか、入院とか、苦しい思いはさせたくない。自宅で、安静に逝かせてあげたい」と。

だが、実際に、自宅で安楽に逝くことができるのは、ごく一部のラッキーな動物だけなのだ。多くの動物は、痛みを伴いながら、最期を迎える。

あるいは、どうしようもないだるさ、吐き気、食欲不振に陥る場合もある。意識ははっきりとしているのに、立ち上がることができず、歩行困難、排便、排尿困難になる動物もいる。

私たち飼い主は、そんな自分のペットの最期を看取《みと》る時、どう対処してよいか、悩み、苦しむ。

それは、ペットの最期についての情報があまりにも、少なすぎるからであると感じている。

インターネットを見ると、「うちのワンちゃんの最期はこうでした」という体験談はたくさんあるが、医学的、科学的な見地からのコメントは少ない。

ペットの死を看取る獣医師側の情報、意見は、さらに少ない。あっても、「最期は、その飼い主さんの意志にお任せしております」というコメントが目立つ。

それゆえ、自分のペットの最期に直面し、そこで初めて、「どうするのがベストか」と、悩むことになる。他の人たちは、こんな時どうしているのか、知りたいと思うのは当然のことだ。

本書では、私が診療室で出会った様々な人の、ペットとの最期を迎える時の苦しみと葛藤《かっとう》について、紹介した。最愛のペットへのさよならの仕方は、その人の人生、過去の経験、哲学、宗教、あるいは、個人の性格、経歴によって、実に様々である。

自分自身の犬、猫の体験談も含めながら、本書で紹介したストーリーから、読者の皆さんが、ペットの死に対する心の準備を、少しでも備えることができれば、という思いでペンを執らせていただいた。

本書の中に、安楽死を選択するケースがいくつか登場する。実際、アメリカでは、ペットの最期に安楽死を選択する飼い主さんが、圧倒的に多い。

私も獣医師になったばかりの頃は、「何も人間の都合でわざわざ動物を殺さなくても、自然に安らかに逝かせてあげるのがベスト」だと思っていた。

だが、臨床獣医師として長く仕事をし、動物の最期を何度も看取ってきたなかで感じたことは、安楽死というのは、人間が自分の都合で行っているものではない、ということである。

本書のストーリーからもわかるように、ほとんどの場合、安楽死というのは、「苦しみもがく動物を、これ以上見るに耐えられない」「これ以上、苦しめたくない、早く楽にさせてあげたい」という理由で、行われている。

本当に安楽に、ゆっくりと死に向かっている動物の場合、飼い主さんは安楽死など決して考えない。

ペットを愛するがゆえ、愛する動物が地獄の苦しみを味わうのを、これ以上、見続けることができない、そんな飼い主さんの、究極の選択なのだ。

それゆえ、安楽死は、飼い主さんが、自分のペットに最後に贈る、「愛」のプレゼントであると考えている。

アメリカには、安楽死専用の注射液がある。ペントバルビタールという、麻酔薬の一種である。だが、麻酔よりもはるかに高濃度にできており、動物の静脈内に、注射器で注入する。

薬の注入が始まると、だいたい5秒くらいで、まず動物は意識を失い、眠った状態になる。それは、手術のために麻酔をかけられる時と同じ状態と言える。その後、さらに5秒から10秒くらいで、呼吸が止まり、心臓が止まり、そして脳停止が起こる。

文字通り、眠るように逝くことになる。

いわゆる、麻酔薬のOD（オーバードーズ）によって、死亡することになるのだ。

もちろん、アメリカでも、安楽死については、賛否両論がある。

私は、安楽死擁護派でもなければ、反対派でもない。その動物が苦しんでいるのならば、楽にさせてあげたいと思うのは、獣医師として当然の感情ではないだろうか。

その日が近づくと、私は、まず、飼い主さんと、じっくりと、最期の迎え方について、お話しするようにしている。そして、飼い主さんの希望を第一優先するように、そしてさらに、動物にとって、もっとも苦しみの少ない方法を選択するように、と勧めている。

その時、安楽死という方法もあると紹介し、安楽死の科学的なメカニズムについて、説明している。安楽死をするか、しないかは飼い主さん次第だが、その詳細について、飼い主さんはあらかじめ知っておくべきではないかと思っている。

大切なのは、安楽に、苦しみを最小限に、最期を迎えさせてあげることは、飼い主さんにとっても、そして、担当の獣医師にとっても、最大の責任であり、最大の関心事であるということである。

また、自分のペットが、もし、予防できた病気で亡くなってしまった場合は、その教訓を忘れることなく、ぜひ、次のペットでは同じ過ちを繰り返さないようにしてほしい。

不妊去勢手術さえしていたら、予防できたという病気が本当にたくさんある。肥満ゆえに寿命を短縮してしまう子がなんと多いことか。「かわいそうだから」といってデンタル（歯石取り）をしないで、ばい菌が心臓や腎臓に回って死んでしまうケース。特別なフードしか食べないように甘やかして、生活習慣病になっても、病気用の特別食を受け付けず、短命で一生を終える動物たち。

正しい医学知識や予防医学を知り、正しい日常生活、食生活を行うことの重要性は、飼い主さんの多くが知っていることだろう。しかし、重要だと知っているだけでは役に立たない。それを毎日実行する勇気と力、そして本当の「愛」を持ってほしい。

普段から正しく飼うこと。それが、将来、安らかな最期を迎えることにつながっているという事実を、ぜひ、皆さんに理解していただければと、切に願っている。

この本の執筆にあたり、細部にわたり専門的な助言をくださり、本の出版の段取りをはかってくださった、Ex-Cure Corporation の中森あづさ獣医師に、心から感謝の意を表する。

また、Eメールを通して、遅れがちな私の執筆を応援、助言してくださった、

## あとがき

駒草出版の藤川佳子女史には、精神的にも大いに助けていただいた。物書きでもない、一介の獣医師である私に、このような本の出版という機会を与えてくださった、駒草出版の一同に、深くお礼を申し上げたい。

さらに、臨床獣医師、病院経営者という役目を担い、ドタバタしている私を、執筆作業の間、好意的に応援してくださった、ビレッジ動物病院に来院される飼い主さんたち、およびビレッジ動物病院のスタッフ一同（亜也ちゃん、遊ちゃん、吏恵ちゃん、アンナさん、およびLisa）に、心から感謝している。いつも私を支えてくれてありがとう、と。

そして、最愛の家族である夫のデービッド、息子の真基、それからスポット、ミトンズ、グレイの3匹、さらに、まだ誕生していない神の恵みの子に、深く感謝しつつ、ペンを置きたい。

2006年4月30日　ロサンゼルスにて　西山ゆう子

西山ゆう子

1986年　北海道大学獣医学部卒業、獣医師。

東京と北海道の動物病院に勤務後、米国カリフォルニア州
ロサンゼルスに移住。

米国獣医師免許取得。

アイオワ州立獣医大学客員教授、Veterinary Center of Amercia 勤務医を経て、Village Veterinary Hospital（カリフォルニア、ガーディナ市）を設立。同病院院長。プライマリーケア、ターミナルケアを熱心に取り入れた総合動物病院で、在ロサンゼルス日本人、日系人はもとより、地域のアメリカ人からも定評を得ている。日本とアメリカの獣医臨床医療問題、および、ペットの人口過剰問題、動物虐待問題、動物福祉法および安楽死について、日本とアメリカの両国にて、数多く講演を行なっている。

主な著書「小さな命を救いたい」（エフエー出版）他多数。
監訳本「犬と猫の臨床皮膚病学」（インターズー出版）他多数。
また全米規模の動物福祉団体、Best Friends Sanctuary のノラ猫
ＴＮＲクリニックチーム、Catnipper の主任獣医師として、定期的に
ノラ猫の不妊去勢手術プロジェクトを行なっている。

※本書に登場する人物名およびペット名は
一部仮名となっています。

# Saying《セイン》 Goodbye《グッバイ》

## Dr.ゆう子の動物診療所

2006年7月1日　初版発行

著　者　西山ゆう子

発行者　井上弘治

発行所　駒草出版株式会社

〒110-0016　東京都台東区台東1-7-2 秋州ビル2階

TEL　03-3834-9087

FAX　03-3831-8885

印刷・製本　株式会社シナノ

イラストレーション　山本加奈子

ブックデザイン　宮本鈴子（ダンクデザイン部）

編集　駒草出版編集部



乱丁・落丁本はお取り替えいたします。ISBN 4-903186-13-X C0095